Oliver Schwartz

Corporate Podcasts

In 5 Schritten erfolgreiche
Unternehmens-Podcasts
planen und produzieren

OLIVER SCHWARTZ

Corporate Podcasts

In 5 Schritten erfolgreiche Unternehmens-Podcasts planen und produzieren

Ein Hinweis zu gendergerechter Sprache: Die Entscheidung, in welcher Form alle Geschlechter angesprochen werden, obliegt den jeweiligen Verfassenden.

Bibliografische Information der Deutschen Nationalbibliothek.
Die Deutsche Nationalbibliothek verzeichnet diese Publikation
in der Deutschen Nationalbibliografie; detaillierte bibliografische
Daten sind im Internet über http://dnb.d-nb.de abrufbar.

ISBN 978-3-96739-189-3

Umschlaggestaltung: Buddelschiff, Stuttgart | www.buddelschiff.de
Umschlagkonzept: Buddelschiff, Stuttgart | www.buddelschiff.de
Lektorat: Anja Hilgarth, Herzogenaurach
Autorenfoto: artis/Uli Deck
Layout: Buddelschiff, Stuttgart | www.buddelschiff.de
Satz: ZeroSoft, Timisoara
Druck und Verarbeitung: Salzland Druck, Staßfurt

© 2024 GABAL Verlag GmbH, Offenbach
Alle Rechte vorbehalten. Nachdruck, auch auszugsweise, nur mit schriftlicher Genehmigung des Verlags.

Wir drucken in Deutschland.

www.gabal-verlag.de
www.gabal-magazin.de
www.twitter.com/gabalbuecher
www.facebook.com/gabalbuecher
www.instagram.com/gabalbuecher

PEFC zertifiziert
Dieses Produkt stammt aus nachhaltig bewirtschafteten Wäldern und kontrollierten Quellen.
www.pefc.de

Wir übernehmen Verantwortung! Ökologisch und sozial

- Verzicht auf Plastik: kein Einschweißen der Bücher in Folie
- Nachhaltige Produktion: Verwendung von Papier aus nachhaltig bewirtschafteten Wäldern, PEFC-zertifiziert
- Stärkung des Wirtschaftsstandorts Deutschland: Herstellung und Druck in Deutschland

Inhalt

Lernen mit vielen Sinnen 7
Ein paar Worte vorweg 10

1
Schritt 1: Das passende Podcast-Format finden 13
Warum ein Podcast? 14
Podcast-Formate 21

2
Schritt 2: Die redaktionelle Planung 29
Die passende Veröffentlichungsfrequenz 30
Das lebendige Planungsinstrument 33
Realistische Erfolgskriterien und langer Atem 41

3
Schritt 3: Die realistische Planung von Ressourcen 45
Die Ressourcenkomplexe 46
Solide Budgetplanung und Gesamtkostenbetrachtung 49

4
Schritt 4: Die Produktion Ihres Podcasts 55
Die Vorbereitung 56
Die Aufnahme 62
Die Nachbearbeitung, das „Mastering" 73
Empfohlenes Equipment 78

5
Schritt 5: Veröffentlichung und begleitendes Marketing 97
Die Veröffentlichungs-Strategie 98
Der Upload Ihres Podcasts 104

6
Inspirationen aus der Praxis 111
Corporate Podcasts in der Praxis 112
    Cannamedical Pharma GmbH – „Let's Talk About Cannabis!":
    Ein Impuls von Patrick Piecha 113
    AUGENGOLD – Werkstatt für Kommunikation GmbH – „MS & ich –
    der Nurse Podcast": Ein Impuls von Kim Zulauf 116

*Münchener Tierpark Hellabrunn AG – „MiaSanTier!": Ein Impuls von
Dennis Späth* *119*
DATEV eG – „Hörbar Steuern": Ein Impuls von Constanze Elter *126*
*E.ON SE – „Jetzt machen! Der Energiewende Podcast": Ein Impuls von
Leif Erichsen* *129*

Podcasts in verschiedenen Business-Bereichen 133
    Corporate Podcasts in Pharma, Healthcare und Medizintechnik *134*
    Corporate Podcasts im HR-Bereich *139*
    Corporate Podcasts im Content Marketing von B2B-Unternehmen *143*
    Corporate Podcasts im B2C *146*
    Corporate Podcasts für Anwälte und andere professionelle Dienstleister *149*
    Podcasts im öffentlichen Bereich *152*
    Podcasts für Personenmarken *156*

Nachwort..162
Danke 163

Digitaler Content im Überblick 164
    Video... *164*
    Audio *169*
    Dokumente, Vorlagen und Checklisten *170*
Sachwortregister 172

Über den Autor 174

Lernen mit vielen Sinnen

Unsere interaktiven Bücher im praktischen Softcoverformat sprechen viele Sinne und Lernkanäle an und bieten Ihnen echten Mehrwert. Digitale Zusatzinhalte ergänzen die Bücher und ermöglichen so einen optimalen Umsetzungserfolg.

Natürlich steht jedes Buch auch für sich allein gut da. So bekommen Sie mit diesem Buch alles, was Sie brauchen, um Ihren Unternehmens-Podcast erfolgreich zu konzipieren, aufzunehmen und zu veröffentlichen. Mit dem Kauf dieses Buches haben Sie außerdem einen exklusiven kostenfreien Zugang zu allen Zusatzmaterialien wie Audios, Videos, nützlichen Vorlagen und Checklisten erworben, die Sie hinzuziehen und als Unterstützung für die Umsetzung der im Buch enthaltenen Ideen abrufen können. Diese werden auf unserem GABAL eCAMPUS zur Verfügung gestellt.

Der eCAMPUS ist ein geschützter Bereich, von dem Sie als Buchkäuferin oder Buchkäufer die Zusatzinhalte für unsere Whitebooks downloaden können – kostenfrei, in keiner Weise verpflichtend und ohne zeitliche Beschränkung. Der eCAMPUS wird in der nächsten Zeit um viele Inhalte und Features erweitert.

Um auf die Zusatzinhalte aus dem Buch „Corporate Podcasts" zugreifen zu können, müssen Sie sich einmalig auf dem GABAL eCAMPUS registrieren.

Um diesen zu erreichen, gehen Sie auf https://gabal-ecampus.de/whitebooks oder scannen Sie den folgenden QR-Code:

Schritt-für-Schritt-Anleitung

Schritt 1: a) Den **QR-Code** scannen
oder
b) **Adresse in Browser** eingeben

Schritt 2: a) QR-Code: Auf den Button „Starten" klicken
b) Browser: Auf den Button „Whitebooks" klicken, Produkt auswählen, danach auf „Starten" klicken

Schritt 3: Registrierung
1. Die erforderlichen Felder ausfüllen und ein sicheres Passwort wählen (8 Zeichen, darunter 1 Großbuchstabe, 1 Zahl, 1 Kleinbuchstabe und 1 Sonderzeichen).
2. Auf „Registrieren" klicken

Schritt 4: Aktivierung des Zugangs mit Klick auf „Bestätigungsmail"

Schritt 5: Zusatzinhalte freischalten
1. Klick auf „Starten"
2. Eingabe des folgenden Produktschlüssels:

TPXJKCND0D

Ab sofort können Sie im Browser durch Klick auf die Materialien oder durch Einscannen der QR-Codes im Buch direkt auf die digitalen Zusatzinhalte gelangen.

Beachten Sie: Der eCAMPUS überprüft jedes Mal, ob Sie angemeldet sind und einen Zugang besitzen. Sollten Sie nicht mehr angemeldet sein, können Sie dies über den „Anmelden"-Button rechts oben auf der Seite mit E-Mail und Ihrem persönlichen Passwort vornehmen.

Sie erkennen die digitalen Zusatzangebote an den folgenden Symbolen:

DOKUMENT. Hier führt Sie ein QR-Code zu einem Dokument mit weiterführenden Links. Sie können sich die Dokumente ausdrucken und herunterladen.

CHECKLISTE. Folgen Sie dem QR-Code, können Sie eine nützliche Checkliste downloaden.

VIDEO. Hier können Sie sich einen Podcast zum Thema anhören.

AUDIO. Hier führt Sie ein QR-Code zu kurzen weiterführenden Videos.

Wenden Sie sich bei Fragen gern jederzeit an: support@gabal-verlag.de.

Wir wünschen Ihnen viel Erfolg bei Ihrer persönlichen und beruflichen Weiterentwicklung.

Ein paar Worte vorweg

10 Millionen Deutsche geben an, regelmäßig Podcasts zu hören, Tendenz steigend. Mehr als 20 Millionen Mitbürger haben zumindest schon einmal einen Podcast gehört. Manchmal hat man den Eindruck, dass es mindestens genauso viele Podcasts gibt – aber das stimmt natürlich nicht.

Selbst weltweit gibt es „nur" eine einstellige Millionenzahl an Podcast-Titeln, aber immerhin schon rund 100 Millionen Episoden. In Deutschland sind es entsprechend weniger, aber die Dynamik ist auch hierzulande in den letzten Jahren hoch!

Podcasts erleben auch in Deutschland einen regelrechten Boom, eine zweite Blütezeit – zwei Jahrzehnte nach den ersten Audio-Blogs. Die Motivation, einen Podcast zu produzieren, ist vielfältig und natürlich fragen sich Kommunikatoren in Unternehmen, Institutionen und Verbänden, wie sie einen Corporate Podcast im Rahmen ihrer Kommunikationsstrategie und für ihr Storytelling einsetzen können. Genau darum geht es in diesem Buch.

Podcasts sind ein ideales Instrument, um Zielgruppen intensiv und inhaltsstark anzusprechen und eine loyale und interessierte Community aufzubauen und zu binden. Der Begriff „Podcast" steht für „Play on Demand Broadcast", und der Bedarf dafür ist einer der Gründe, warum Podcasts zu einem wichtigen, beliebten und erfolgreichen Instrument in PR und Content Marketing geworden sind. Zum einen wegen der nahezu unbegrenzten Möglichkeiten in der Formatgestaltung, zum anderen aber auch wegen der positiven Eindringlichkeit einer Fokussierung auf die Stimme und der unvergleichlich flexiblen Möglichkeit, Podcasts jederzeit zu hören, unterwegs im Auto, im Zug, zu Hause oder im Büro. Als Kommunikator nutzen Sie alle bewährten Stärken des Mediums Radio und haben darüber hinaus alle kreativen Freiheiten, sich mit Ihrem Podcast-Projekt von der Masse abzuheben.

Worauf Sie dabei achten sollten, ist Thema und roter Faden dieses Ratgebers, den ich als Kommunikator und erfahrener Podcast-Produzent speziell für angehende Podcaster aus Unternehmen und Institutionen geschrieben habe.

Dieses Buch verspricht Ihnen jedoch keine Zauberformel, mit der Sie ohne Aufwand und Investitionen die Podcast-Charts stürmen können. Wie bei jeder professionellen Kommunikationsmaßnahme brauchen Sie eine Strategie, redaktionelle Planung, Liebe zum Detail und einen mehr oder weniger langen Atem. Und Sie gehen ganz anders an das Thema heran als die Flut von Hobby-Podcastern oder die stetig wachsende Gruppe von prominenten TV-Leuten, Sportlern, Musikern oder Influencern, die für Podcasts vor das Mikrofon treten. Und doch „konkurrieren" Sie zumindest in einem Punkt mit ihnen: um die Zeit und die Aufmerksamkeit Ihrer Zielgruppe.

In diesem Ratgeber beleuchte ich in 5 Kapiteln, den 5 Schritten, alle relevanten Aspekte aus Sicht der Unternehmenskommunikation und vermittle Ihnen wertvolles Know-how. Wissen, das Sie brauchen, um Ihr Podcast-Projekt mit einer klaren Strategie und in kontinuierlichen Schritten erfolgreich anzugehen. Nehmen Sie sich die Zeit und profitieren Sie von meiner langjährigen Erfahrung mit Corporate Podcasts, aber auch mit journalistischen Podcast-Formaten. Danach stellen Ihnen im „Praxis-Kapitel" 6 vier Unternehmen ihre erfolgreichen Podcasts vor und lassen Sie teilhaben an deren Planung und Realisierung. Im Anschluss gehe ich auf viele Business-Bereiche ein, in denen Podcasts als Mittel des Content Marketing sehr gut eingesetzt werden können, um Unternehmensziele und natürlich Stakeholder zu erreichen.

Die ergänzenden multimedialen Inhalte – sowohl als Video- als auch als Audiobeiträge – lassen Sie mit vielen Sinnen eintauchen. Und natürlich lasse ich hierbei auch die technologischen Aspekte nicht außen vor: So lesen Sie nicht nur über die technischen Grundlagen, sondern hören und sehen auch wichtige Anleitungen und Praxisbeispiele, die ich für Sie in einem professionellen Podcast-Studio aufgenommen habe. Ich zeige Ihnen ganz genau, wie Sie Fehler vermeiden und einen Podcast produzieren, der Ihre Zielgruppe begeistert.

Bitte lesen Sie dieses Buch vollständig durch, bevor Sie Entscheidungen treffen. Mit einem Corporate Podcast verhält es sich wie mit vielen Content-Formaten: Im Wettlauf zwischen Hase und Igel gewinnt selten der Schnellste. Sie halten das geballte Wissen aus vielen Hundert Podcast-Episoden und zahlreichen produzierten Corporate-Podcast-Formaten in den Händen – und die Essenz aus meinen Trainings und Workshops mit namhaften Unternehmen. Seien Sie sicher: Podcasting lohnt sich! Denn Podcasts sind einzigartig für intensives, zielgruppenorientiertes Storytelling.

Ihr Oliver Schwartz

VIDEO:
Lernen Sie den Autor Oliver Schwartz und das multimediale Konzept dieses Buchs kennen.

Schritt 1: Das passende Podcast-Format finden

Warum ein Podcast?

Podcasts haben mittlerweile eine lange Geschichte und sind aus dem Alltag und der Popkultur nicht mehr wegzudenken. Doch woher kommen sie eigentlich und wie haben sie sich im Laufe der Zeit entwickelt? Und warum lohnt es sich, einen eigenen Podcast zu produzieren? Welche Podcast-Formate gibt es eigentlich?

Die Geschichte des Podcasts

Die Geschichte der Podcasts reicht 20 Jahre zurück, bis ins Jahr 2004, als der Softwareentwickler Dave Winer mit dem Konzept des „RSS-Feeds" experimentierte. RSS steht für „Really Simple Syndication" und ist eine Technologie, die es ermöglicht, Inhalte automatisch zu abonnieren und auf einer Website zu veröffentlichen. Winer erkannte, dass er mit dieser Technologie auch Audiodateien veröffentlichen und automatisch an Abonnenten verteilen konnte.

Kurz darauf veröffentlichten Adam Curry und Dave Winer die erste Folge ihres Podcasts „The Daily Source Code". Dieser Podcast war eine Mischung aus Musik, persönlichen Anekdoten und Technologie-News und wurde schnell populär. Curry und Winer gelten heute als Pioniere des Podcasting und hatten großen Einfluss auf die Entwicklung des Mediums.

In den folgenden Jahren entstanden immer mehr Podcasts, die von Einzelpersonen und Unternehmen produziert wurden. Viele dieser Podcasts waren zunächst nur Mitschnitte von Radio- oder Fernsehsendungen, die als Audiodatei veröffentlicht wurden. Andere Podcasts waren jedoch von Anfang an als reine Audioformate konzipiert und boten den Produzenten eine Möglichkeit, ihre Inhalte unabhängig von traditionellen Medien zu verbreiten.

Im Jahr 2005 veröffentlichte Apple eine neue Version von iTunes mit einer speziellen Podcasting-Sektion, die es den Nutzern erleichterte, Podcasts zu abonnieren und auf Abruf zu hören. Dies war ein wichtiger Schritt für die Popularität von Podcasts, da es vielen Menschen einen einfachen Zugang zu neuen Podcasts ermöglichte.

In den folgenden Jahren „explodierte" die Zahl der verfügbaren Podcasts. Im Jahr 2006 wurden weltweit rund 22.000 produziert, im Jahr 2010 waren es bereits über 50.000. Viele dieser Podcasts waren Nischenformate, die sich auf bestimmte Themen wie Technologie, Wissenschaft, Politik oder Popkultur konzentrierten.

Andere Podcasts waren populärere Formate, die von professionellen Moderatoren oder Prominenten produziert wurden.

Eine weitere wichtige Entwicklung für das Podcasting war die Einführung von Smartphones. Mit der Verbreitung dieser internetfähigen Mobiltelefone mussten die Nutzer ihre abonnierten Podcasts nicht mehr mit dem Computer synchronisieren, sondern konnten auch unterwegs spontan einen Podcast abrufen und anhören. Dies führte zu einem weiteren Anstieg der Popularität von Podcasts und ermöglichte es den Produzenten, ihre Inhalte einem noch größeren Publikum zugänglich zu machen.

In den letzten Jahren ist die Beliebtheit von Podcasts weiter gestiegen. Im Jahr 2021 gab es allein in den USA über zwei Millionen aktive Podcasts und mehr als die Hälfte der amerikanischen Bevölkerung hat mindestens einen Podcast gehört.

Im deutschsprachigen Raum gibt es Podcasts schon fast genauso lange, aber der Erfolg im breiten Massenmarkt ist erst in den letzten drei bis fünf Jahren zu beobachten. Für unser Thema „Corporate Podcast" ist das insofern relevant, als Podcast-Apps auf den Smartphones unserer Zielgruppen mittlerweile zum Standard gehören und so bereits erste Erfahrungen mit dem Medium gesammelt wurden. Ein weiterer wichtiger Faktor ist die Erfolgsgeschichte und Renaissance von Headsets sowie In-Ear- und Over-Ear-Kopfhörern, die nahezu jeder Smartphone-Nutzer besitzt und bei Bedarf verwendet.

Für Corporate Podcasts spielen Podcast-Charts ebenso wenig eine Rolle wie die in Deutschland noch schwierige Monetarisierung über Werbung oder gar Abo-Gebühren. Von hoher Relevanz ist jedoch, dass Podcasts auch hierzulande mittlerweile von Jung bis Alt gehört werden, quer durch alle demografischen Gruppen. Sie können also sicher sein, dass Sie mit Ihrem Podcast-Projekt auf ein etabliertes Medium ohne nennenswerte technologische Zugangsbarrieren setzen.

Man kann mit Fug und Recht behaupten, dass Podcasts alles andere als ein kurzfristiger Hype sind. Natürlich sind Prognosen über einen dauerhaften Erfolg schwierig, aber die nach wie vor steigenden Hörerzahlen und die Beliebtheit der Audiosendungen auch in breiteren Zielgruppen sprechen dafür, dass sich die Mühen und Investitionen rund um Ihren Corporate Podcast über Jahre hinweg auszahlen können.

Und im Bereich der Corporate Podcasts sind wir noch lange nicht gesättigt und viele Formatideen sind frisch und unverbraucht. Gerade in der B2B-Kommunikation.

VIDEO:
Der Podcast-Markt und Beispiele für erfolgreiche Corporate Podcasts.

Die Stärken von Podcasts

Es gibt derzeit kein vergleichbares Medium; mit Podcasts erreichen Sie Ihre Zielgruppe am intensivsten. Die Hörerinnen und Hörer lassen sich bewusst auf eine Episode ein und hören sie ohne Ablenkung. Die Fokussierung auf die Stimme ist eine der Stärken des Formats, daher sind Video-Podcasts nur dann zu empfehlen, wenn visuelle Informationen das Interesse und die Aufmerksamkeit wirkungsvoll steigern können.

Radio- und Fernsehsendungen werden meist nebenbei gehört und gesehen. Die Verweildauer auf Webseiten und einzelnen Internetinhalten nimmt immer mehr ab. Sekunden entscheiden darüber, ob sie ihre Botschaft vermitteln und Interesse wecken können. Bei Podcasts hingegen taucht der Hörer ein und isoliert sich für die Dauer einer Episode von den endlosen Ablenkungen unserer multimedialen Informationsflut.

Die meisten Podcasts werden über Kopfhörer oder In-Ears gehört. Damit sind sie so nah wie möglich am menschlichen Gehirn. Gleichzeitig verhindert dieses Setup zu viel Ablenkung. Eingehende Chat-Nachrichten oder E-Mails werden plötzlich als störend empfunden, entsprechende Benachrichtigungstöne sind für die Dauer des Hörens unerwünscht und werden daher meist deaktiviert. Ob auf dem Weg zur Arbeit im überfüllten Zug oder beim Sport – Podcast-Fans freuen sich darauf, sich voll und ganz auf eine neue Folge einzulassen.

Natürlich besteht auch bei Podcasts die Herausforderung darin, das Interesse an einer Folge zu wecken, und gerade der Einstieg, die ersten Sekunden, dürfen nicht abschrecken oder enttäuschen. Aber dann haben Sie die einmalige Chance, Ihr Thema und Ihre Botschaften in der gewünschten und notwendigen Ausführlichkeit zu transportieren. Die uneingeschränkte Aufmerksamkeit der Hörerinnen und Hörer trifft auf das reine, gesprochene Wort.

Erfolgreiche Podcast-Macher wissen um die Chance und gleichzeitig die Herausforderung, auch komplexe Inhalte ohne Bilder, Grafiken oder andere Hilfsmittel zu transportieren. Weniger ist mehr. Auch Musik und Geräusche werden nur sehr zurückhaltend eingesetzt. Denn nichts soll von der Stimme ablenken.

Wenn Sie noch kein aktiver Podcast-Hörer sind, empfehle ich Ihnen folgenden Selbstversuch: Beobachten Sie bei der nächsten Konferenz, dem nächsten Vortrag oder dem nächsten Meeting einmal ganz bewusst das Auditorium oder die Teilnehmer. Und beobachten Sie dabei auch sich selbst. Schon nach 60 Sekunden werden Sie feststellen, dass es unendlich viele Möglichkeiten der Ablenkung gibt. Oder beobachten Sie einmal ganz bewusst, wie oft Sie beim Lesen einer Zeitschrift oder eines Buches abgelenkt werden, den Lesefluss unterbrechen und wieder neu beginnen.

Spannend ist auch das Eye Tracking, das gerne in der Konsumentenforschung eingesetzt wird. Wir alle springen mit den Augen umher, identifizieren bereits neue Botschaften und Inhalte, während wir noch einen Artikel oder eine Webseite lesen. Bei Social Media kommt auf Smartphones noch der Wischeffekt hinzu, der dazu führt, dass viele Menschen fast nur noch Überschriften und Teaser-Elemente wahrnehmen.

Bei Podcasts, insbesondere bei Corporate Podcasts, sind der Episodentitel oder das Cover die Trigger-Elemente, die Aufmerksamkeit und Interesse wecken sollen. Innerhalb der einzelnen Episode sind sie aber weitgehend frei vom Zwang zur Verkürzung, Zuspitzung und Vereinfachung. Ihre Hörerinnen und Hörer erwarten im Gegenteil, dass Sie erklären, Hintergründe vertiefen und Impulse geben. Im Gegensatz zu einem Text setzen Sie mit Ihrer Stimme aber auch auf Atmosphäre. Sie ziehen Ihre Zuhörer in den Bann und schaffen Vertrauen.

Warum die Moderation eines Podcasts so wichtig ist und warum eine professionelle Akustik und Audioqualität für einen Corporate Podcast unbedingt empfehlenswert ist, werde ich in diesem Buch noch ausführlich erläutern. Die soeben beschriebenen Stärken eines Podcasts lassen aber bereits erahnen, dass mit der Fokussierung auf die Stimme auch Herausforderungen und Risiken verbunden sind.

Niemand wird bei einem seriösen B2B-Thema 30 Minuten lang die fröhliche Plauderstimme eines Hitradio-Moderators hören wollen. Und auch in B2C-Podcast-Formaten, mit denen Unternehmen Endkunden erreichen wollen, verbieten sich die manchmal schrillen, aufmerksamkeitsheischenden Stimmen aus der Werbung. Dennoch gehört viel Erfahrung dazu, die Hörer mit der eigenen Stimme über viele Minuten hinweg zu fesseln. Und genau das zeichnet professionelle Sprecherinnen und Sprecher aus.

Auch in Gesprächsrunden und Talk-Formaten können sie der wertvolle „rote Faden" sein, der Atmosphäre schafft und die Aufmerksamkeit der Zuhörer hält.

Eine weitere Stärke von (Corporate) Podcasts ist ihre Zugänglichkeit: Sie können immer und überall gehört werden. Man benötigt lediglich ein Smartphone oder einen Computer, um Podcasts zu abonnieren und zu hören. Es gibt keine festen Sendezeiten oder Frequenzen, die eingehalten werden müssen. Dadurch ist das Medium sehr flexibel und passt sich den Bedürfnissen der Hörerinnen und Hörer an. Für Corporate Podcasts eröffnen sich dadurch ganz neue Möglichkeiten, auch Zielgruppen anzusprechen, die nicht den ganzen Tag am Computer arbeiten.

AUDIO:
Oliver Schwartz über die Stärken von Podcasts und intensive Aufmerksamkeit ohne Ablenkung.

VIDEO:
Podcasting im Vergleich mit anderen Werkzeugen für das Storytelling.

Der vielfältige Einsatz von Podcasts

Bei Podcasts denken viele vor allem an Interview-Podcasts oder Talk-Runden. Und das sind auch die gängigen Formate im Unternehmenseinsatz. Sogenannte „Atmo"- oder „O-Ton"-Einspielungen, wie sie im Hörfunk genannt werden, können einen Podcast bereichern, sollten aber mit Bedacht eingesetzt werden.

Ein Podcast ist kein Hörspiel. Jedes Element, das über die reine Sprache hinausgeht, muss dem Hörer einen klaren Mehrwert bieten. Dementsprechend wird auch Musik fast ausschließlich als Intro oder Outro oder als kurzes, dramaturgisches Trennelement zwischen verschiedenen Themenblöcken einer Episode eingesetzt.

Was macht Podcasts nun so vielfältig und facettenreich, wenn sich die Darstellungsformen doch ähneln? Zum einen natürlich die Themen, zum anderen aber auch die Zielgruppen. Denn zumindest Corporate Podcasts sollten immer mit einer ganz klaren Zielgruppe vor Augen konzipiert und produziert werden.

Ein schönes Beispiel dafür ist der Podcast „MS & ich" des Pharmaunternehmens Novartis. Dieser Podcast richtet sich gezielt an MS-Nurses, also die Mitarbeiterinnen in den Arztpraxen, die im täglichen Kontakt mit den Patienten stehen – nicht aber an Patienten oder Angehörige. Für diese bräuchte es ein eigenes Format. Natürlich gibt es auch erfolgreiche Corporate Podcasts, die mehrere Stakeholdergruppen gleichzeitig ansprechen, aber die Besonderheit des Mediums ist, dass es sich wie ein Chamäleon an die Bedürfnisse und Interessen einer Zielgruppe anpassen kann. Mehr zu dem „MS & ich"-Podcast finden Sie in Kapitel 6.

Corporate Podcasts müssen nicht zwangsläufig die große weite Welt erobern. Sie können sich in der internen Kommunikation an die Mitarbeiter richten, den Onboarding-Prozess begleiten oder im Vorfeld ein wertvolles HR-Marketing-Instrument sein für das Employer Branding im Kampf um begehrte Arbeitskräfte. Podcasts im Unternehmenseinsatz können sich an Aktionäre richten oder an Fachhändler und Vertriebspartner. Die MS-Krankenschwester aus dem Novartis-Beispiel kann in anderen Branchen der Handwerker oder der Architekt sein.

Dieses Buch vermittelt in den folgenden Kapiteln die konkreten Arbeits- und Projektschritte von der Idee bis zum fertigen, erfolgreichen Corporate Podcast. Und es zeigt, welche typischen Fehler zu vermeiden sind.

Genauso wichtig ist aber die Erkenntnis, dass Podcasts ein effizientes und kostengünstiges Instrument sind, um bestimmte Zielgruppen optimal anzusprechen und emotional zu binden. Verabschieden Sie sich also bei der weiteren Lektüre dieses Buches zunächst einmal von der Vorstellung, dass sich Ihr Unternehmens-Podcast an die Millionen Nutzerinnen und Nutzer von Spotify, Apple Podcast, SoundCloud, Google Podcast oder RTL+ richtet.

Natürlich werden auch Ihre Hörerinnen und Hörer die eine oder andere der großen Plattformen nutzen und sich freuen, Ihren Corporate Podcast dort bequem abonnieren zu können. Aber Ihr Podcast wird sich in den seltensten Fällen an den Kategorien und Charts von Spotify & Co. orientieren. Gerade bei B2B-Podcasts ist das auch nicht zielführend.

Wie ein Chamäleon kann sich auch Ihr Corporate Podcast sichtbar oder unsichtbar machen. Richten Sie sich beispielsweise gezielt an eigene Mitarbeiter, Partner in der

Vertriebsorganisation oder Investoren, kann es durchaus attraktiv sein, den Zugriff auf den Podcast-Feed einzuschränken. Das bedeutet nicht, dass Sie auf eine komfortable Zugänglichkeit verzichten müssen.

Ähnlich wie Sie es vielleicht von YouTube-Inhalten kennen, können Sie auch Podcast-Feeds einrichten, die Ihre Zielgruppe auf allen gängigen Geräten und mit den gängigen Podcast-Playern abrufen und abspielen kann, die aber darüber hinaus nicht von Zufallshörern gefunden werden.

Bei der Herangehensweise an Ihr Podcast-Projekt sollten Sie daher zunächst Ihrer Kreativität freien Lauf lassen. Im Gegensatz zu vielen anderen Marketing- und PR-Instrumenten sind die verschiedenen Podcast-Formate nicht unmittelbar mit höheren oder niedrigeren Projektkosten verbunden.

Podcast-Formate

Ganz am Anfang Ihres Projekts steht die Suche nach einem geeigneten Podcast-Format. Definieren Sie dafür eine möglichst genaue Zielgruppe und Erfolgskriterien. Überlegen Sie sich dann, welche inhaltlichen Themen für diese Zielgruppe attraktiv sind. Wie bei allen Kommunikationsmaßnahmen sollten Sie möglichst zielgruppennah beginnen.

Ihre Erfolgsziele erreichen Sie über die Akzeptanz bei dieser Zielgruppe und nicht über möglichst viele Podcasthörer oder Downloads. Wählen Sie das Format, das am besten zu Ihrer Zielgruppe, Ihren Erfolgszielen und Ihren Inhalten passt.

Mit der Wahl des Formats legen Sie den Grundstein für den Erfolg Ihres Corporate Podcasts. Dabei geht es nicht nur darum, das Interesse Ihrer Zielgruppe zu wecken und das Engagement Ihrer Hörerinnen und Hörer zu fördern.

Mindestens genauso wichtig ist es, dass das Format zu Ihrer Themenplanung passt und sich über die Episoden hinweg umsetzen lässt. Für ein Talk-Format zum Beispiel brauchen Sie regelmäßig spannende Gesprächspartnerinnen und -partner. Und diese zu finden und zu koordinieren, kann manchmal eine Herausforderung sein.

Folgende Formate haben sich international für Unternehmens-Podcasts etabliert:

▶ **Das Interview-Format**
Das Interview-Format ist eine häufig genutzte Form für Podcasts und eignet sich besonders für Unternehmen, die ein Publikum in ihrer Branche ansprechen möchten. In diesem Format werden Experten oder wichtige Persönlichkeiten der Branche interviewt und aktuelle Themen und Entwicklungen diskutiert. Das Interview-Format eignet sich auch für Unternehmen, die ihre Expertise und ihr Wissen in bestimmten Bereichen darstellen möchten.

▶ **Das Nachrichten-Format**
Das News-Format ist ideal für Unternehmen, die regelmäßig über ihre Branche oder das Unternehmen selbst berichten möchten. In diesem Format werden aktuelle Ereignisse, Trends und Entwicklungen diskutiert. Das Nachrichtenformat eignet sich auch für Unternehmen, die ihre Zielgruppe auf dem Laufenden halten möchten. Nur sehr wenige Corporate Podcaster wählen dieses Format, da sie den Aktualitätszwang und die Konkurrenz zu traditionellen, nachrichtenorientierten Medien scheuen.

Das Storytelling-Format

Das Storytelling-Format ist eine Form des Podcasts, die auf Geschichten und Erzählungen basiert. Unternehmen können dieses Format nutzen, um spannende Geschichten über den Einsatz ihrer Produkte, ihre Mitarbeiter oder ihre neuesten Forschungs- und Entwicklungsanstrengungen und die damit verbundenen Visionen zu erzählen. Das Storytelling-Format kann dazu beitragen, das Interesse und Engagement der Zuhörer zu wecken und eine emotionale Bindung zwischen Unternehmen und Zielgruppe aufzubauen. Es ist eine durchaus anspruchsvolle Form des Corporate Podcasts. Aber ich möchte Sie ausdrücklich dazu ermutigen!

Dr. Matthias Reinschmidt im Podcast-Interview mit Oliver Schwartz (Foto: artis/Uli Deck)

Das Serien-Format

Das Serien-Format ist eine weitere beliebte Möglichkeit für Unternehmen, die sich auf längere und tiefergehende Themen konzentrieren möchten. Eine Serie kann beispielsweise aus mehreren Folgen bestehen, die sich auf ein bestimmtes Thema konzentrieren. Dieses Format eignet sich auch besonders für Unternehmen, die ihre Zielgruppe über mehrere Folgen hinweg an ein bestimmtes Thema heranführen möchten. Sie können sich so als Themenvorreiter etablieren und viele wertvolle Anknüpfungspunkte für weitere PR- und Marketingaktivitäten generieren.

▸ **Das FAQ-Format**
Das FAQ-Format eignet sich besonders für Unternehmen, die häufig gestellte Fragen von Kunden oder der Zielgruppe beantworten möchten. In diesem Format werden Fragen gesammelt und von Experten des Unternehmens beantwortet. Das FAQ-Format kann dazu beitragen, das Vertrauen der Zielgruppe zu gewinnen und den Kundenservice des Unternehmens zu verbessern. Das gilt sowohl für den Endkundenmarkt als auch insbesondere für den B2B-Bereich. Je nach inhaltlicher Ausprägung gibt es Überschneidungen zum Interview-Podcast. Im reinen FAQ-Format werden typische Fragen direkt von den Experten beantwortet. Beim Interview-Podcast nutzt der Moderator diese Fragen als Aufhänger für seine Gesprächsführung.

▸ **Das Live-Format**
Das Live-Format ist eine Sonderform des Podcasts; er wird in Echtzeit aufgezeichnet und gestreamt. Unternehmen können dieses Format nutzen, um Live-Veranstaltungen oder Diskussionen zu organisieren und ihre Zielgruppe direkt zu erreichen. Das Live-Format eignet sich auch für Unternehmen, die Feedback von ihrer Zielgruppe einholen möchten. Typische Anlässe für einen Live-Podcast sind Messen oder Firmenveranstaltungen. Für den regelmäßigen Einsatz eignet sich das Format jedoch nur selten. Ich empfehle Ihnen daher, ein Live-Format zunächst nur als mögliche Ergänzung im Auge zu behalten.

Nelson Martins im Podcast-Interview mit Oliver Schwartz (Foto: Turtle-Media)

Sie sehen, die Wahl des richtigen Podcast-Formats ist ein wichtiger erster Schritt bei der Planung eines Corporate Podcasts und sollte nicht spontan erfolgen. Nehmen Sie sich mit Ihrem Team Zeit für einen kleinen Kreativ-Workshop und diskutieren Sie sorgfältig, welche Ziele Sie mit Ihrem Podcast erreichen wollen und welche Zielgruppe Sie ansprechen möchten.

Von den oben genannten Formaten dürften für die meisten Unternehmen der Interview-Podcast, der Storytelling-Podcast, der Serien-Podcast oder der FAQ-Podcast infrage kommen.

Aus vielen erfolgreichen Projekten weiß ich: Ein Storytelling-Podcast ist hohe Kunst, sehr emotional und verspricht begeisterte Hörerinnen und Hörer. Allerdings sollte man sich dafür professionelle Unterstützung suchen. Experteninterviews, Themenreihen und FAQ-Formate sind zielführender und der Aufwand für Planung und Redaktion etwas geringer. Mehr dazu auf den folgenden Seiten.

Am Ende entscheiden Ihre Ziele, denn auch für Ihren zukünftigen Corporate Podcast sollte es Ziele und damit Erfolgskriterien geben.

VIDEO:
Die verschiedenen Formate für Corporate Podcasts.

CHECKLISTE:
Struktur und roter Faden für Ihren Strategie-Workshop. Die Checkliste finden Sie zur Ansicht auch auf den nächsten Seiten.

Struktur und roter Faden für Ihren Strategie-Workshop

Teilnehmende

- ❏ Bereichsübergreifende Teilnehmerauswahl für eine breit aufgestellte Unterstützung des Projekts
- ❏ Frühzeitiges Briefing für die Teilnehmer vor dem Workshop mit Vermittlung der Podcast-Grundidee und der Ziele des Workshops
- ❏ Bespiele für gelungene Corporate Podcasts zum Einhören vorab an die Teilnehmer senden

Organisation

- ❏ Geeigneter Raum für kreative Atmosphäre ohne Ablenkung
- ❏ Ausreichend Zeit (mit Puffer) einplanen, damit der Kreativ-Prozess nicht durch Anschlusstermine der Teilnehmer beschränkt wird
- ❏ Flipcharts, Beamer und Audio-Anlage zum Abspielen von Podcast-Beispielen
- ❏ Handouts für Agenda, Workshop-Themen, Gruppenarbeiten / Brainstorming-Sessions
- ❏ Ausreichend Blöcke und Stifte

Moderation

- ❏ Festlegung der Workshop-Moderation, ggf. Buchung von externem Podcast-Profi für Impuls-Vortrag, Moderation und Coaching während der einzelnen Programmpunkte

Ziele

- ❏ Maßgeschneiderte Podcast-Strategie
- ❏ Umsetzungskonzept und Ressourcenplanung
- ❏ Identifizierung von sinnvoller/notwendiger externer Unterstützung
- ❏ Erste provisorische Themen- und Gästeplanung als „Proof of Concept"

Workshop-Ablauf (zur Anpassung an Ihr Projekt)

- ❏ Motivierende Einstimmung
- ❏ Vermittlung der Agenda und Workshop-Dramaturgie
- ❏ Gemeinsames Verständnis der Workshop-Ziele

- ❏ Moderierte Vorstellungsrunde
- ❏ Erfahrungsaustausch mit bestehenden (Corporate) Podcasts

- ❏ Einführung in das Thema Corporate Podcasts als Storytelling-Tool
- ❏ Erste Ideensammlung für Themen, Zielgruppen und Positionierung

- ❏ Brainstorming zu möglichen Erfolgszielen des geplanten Podcasts
- ❏ Matching von Themen, Zielgruppen und Erfolgskriterien
- ❏ Favoriten-Präsentation der Teilnehmer/Arbeitsgruppen

- ❏ Erste Formulierungen von Podcast-Mission und Strategie der zwei bis drei Favoriten
- ❏ Jeweils Ausarbeitung einer Redaktionsplanung für die ersten 6 bis 12 Episoden mit Ideensammlung für Episodenthemen, Experten, Talkgäste

- ❏ Brainstorming zu Ressourcenplanung und Verantwortlichkeiten und zur angestrebten und realistischen Veröffentlichungsfrequenz
- ❏ Recherche zu existierenden Fach- und Unternehmens-Podcasts für die Themen und Zielgruppen der bisherigen Favoriten
- ❏ Überprüfung der bisherigen Ideen im Hinblick auf USP, Innovation, Bedarf seitens der Zielgruppen und langfristige Tragfähigkeit des redaktionellen Konzepts

- ❏ Diskussion und Entscheidung für den vorläufigen Favoriten
- ❏ Ausformulierung eines „Elevator Pitch" für diese Podcast-Idee
- ❏ Identifizierung von offenen Fragen, die noch im Unternehmen zu klären sind, und von Fragen zur (produktions)technischen Realisierung, die ggf. mit externen Dienstleistern zu klären sind
- ❏ Erste grobe Bewertung des Ressourcen-Aufwands und damit eines notwendigen Budgets

- ❏ Next Steps, Zeitfenster und Voraussetzungen für ein „Go!"
- ❏ Resümee der Teilnehmer

Dokumentation (Wichtig!)

- ❏ Möglichst detaillierte Dokumentation der Workshop-Ergebnisse als erstes Gerüst für ein verabschiedungsfähiges Podcast-Konzept
- ❏ Die Dokumentation kann auch als fundierte Grundlage für Anfragen bei externen Dienstleistern dienen

Konzepterstellung, Budgetierung und Projektfreigabe

- ❏ Weiterentwicklung der Workshop-Dokumentation zum finalen, präsentationsfähigen Konzept mit Budget-Kalkulation
- ❏ Klärung der Moderationsaufgabe (intern/extern)

Teambuilding und Projekt-Launch

- ❏ Bei absehbarer Projektfreigabe möglichst zeitnahe Zusammenstellung des internen und/oder externen Podcast-Teams – selbst wenn das Projekt erst in einigen Monaten startet
- ❏ Follow-up-Treffen und Kennenlernen des künftigen Podcast-Teams
- ❏ Identifizierung eines geeigneten Aufnahmeraums („Studio") und dafür sinnvollen Akustik-Optimierungen
- ❏ Technik-Entscheidungen und evtl. Beschaffungsprozesse
- ❏ Ideen für Intro/Outro
- ❏ Produktion einer Pilot-Episode bzw. Probeaufnahmen
- ❏ Klärung des Podcast-Hosting und ggf. Erstlistung der Podcast-Pilot-Episode bei den gewünschten Podcast-Plattformen
- ❏ Frühzeitige Kommunikation des neuen Corporate Podcasts im eigenen Unternehmen und Sicherstellung der Unterstützung durch die PR- und Marketing-Kolleginnen und -Kollegen

Schritt 2: Die redaktionelle Planung

Die passende Veröffentlichungsfrequenz

In diesem zweiten Schritt nehmen Sie eine redaktionelle Planung vor – oder simulieren sie zumindest. Damit überprüfen Sie die Tragfähigkeit Ihres Formats und ermitteln eine realistische Frequenz. Wenn es Ihnen schwerfällt, eine Ideen-, Themen- und Expertenplanung für die ersten sechs Monate mit je nach Frequenz sechs, 12 oder 24 Folgen zu erstellen, dann sollten Sie entweder das Format überdenken oder sich ausreichend Zeit für die Redaktionsplanung nehmen, bevor Sie weitermachen!

Und vergessen Sie nicht, dass eine regelmäßige Erscheinungsweise ein wichtiger Erfolgsfaktor ist. Wann erscheint der SPIEGEL? Wann liegt die nächste Ausgabe Ihrer Lieblingszeitschrift im Briefkasten? Wann läuft die nächste Folge der Lieblingsserie oder die neue Talkshow von Lanz oder Illner? Wir alle sind es gewohnt, dass Medien regelmäßig erscheinen oder gesendet werden. Auch wenn wir einen Newsletter abonnieren, wissen wir in der Regel vorher, wie oft er erscheint. Der Mensch ist eben ein Gewohnheitstier.

Viel wichtiger noch ist jedoch der Faktor Zeit. Bei Corporate Podcasts besteht keine Gefahr, eine Episode zu verpassen, und man kann theoretisch jederzeit so viele Sendungen hören, wie man möchte, oder einen neu entdeckten Podcast in einem „Binge-Hearing"-Marathon konsumieren. Dennoch ist es wichtig zu wissen, wann die nächste Folge erscheint, wann ein Themenspecial fortgesetzt wird und in welchem Rhythmus der Podcast in den Tagesablauf integriert werden soll.

Klingt übertrieben? Ganz im Gegenteil! Die richtige Veröffentlichungsfrequenz ist einer der Schlüssel zum Erfolg Ihres Podcasts und eine fehlende Veröffentlichungsstrategie einer der häufigsten Fehler, die Corporate Podcaster machen.

Dabei geht es nicht um Richtig oder Falsch oder darum, so oft wie möglich zu veröffentlichen. Es geht vielmehr um Regelmäßigkeit. Und damit verbunden um Ihre Redaktions- und Ressourcenplanung (mehr dazu in Schritt 3). Sonst wird es Ihnen wie vielen Podcastern so ergehen, dass im ohnehin arbeitsreichen Berufsalltag häufiger mal zu wenig Zeit für die nächste Podcast-Episode bleibt.

Die Vorteile eines regelmäßigen Podcasts

In der Medienwissenschaft gibt es eine Reihe von Studien, die sich mit dem Konsumverhalten und den Vorlieben der Menschen beschäftigen. Eine häufig hervorgehobene Erkenntnis ist, dass bei Medienformen wie Zeitungen, TV-Sendungen und Podcasts eine regelmäßige Erscheinungsweise eine wichtige Rolle spielt. Dies gilt auch für Corporate Podcasts, bei denen die Bindung der Hörer und die Integration in die Medien- und Informationsroutine zentrale Ziele sind.

Aus der Psychologie der Gewohnheitsbildung ist bekannt, dass regelmäßige Reize dazu beitragen, Routinen zu etablieren. Ein Medium, das regelmäßig erscheint, wird eher Teil der täglichen oder wöchentlichen Routine. Regelmäßigkeit schafft ein Gefühl von Verlässlichkeit und Beständigkeit. Menschen vertrauen eher Quellen, die sie als beständig und verlässlich wahrnehmen. Die Medienwissenschaft spricht auch von einem „kognitiven Ausgewogenheitseffekt". Regelmäßiges Erscheinen hilft dem Publikum, Erwartungen zu bilden und mentale Ressourcen entsprechend zu allokieren. Dies ist gerade in Zeiten der Informationsüberflutung wichtig.

Für Corporate Podcasts ist der Aufbau einer treuen Hörerschaft entscheidend. Regelmäßige Veröffentlichungen sorgen dafür, dass die Hörer wiederkommen und den Podcast in ihre Routine integrieren.

Der Podcast repräsentiert aber auch Ihr Unternehmen, und Inkonsistenzen können im Geschäftsumfeld als mangelnde Professionalität oder Zuverlässigkeit wahrgenommen werden. Ein regelmäßiger Corporate Podcast sendet daher subtil die Botschaft, dass Ihr Unternehmen verlässlich und beständig ist.

Aber auch die ganz praktischen Vorteile liegen auf Ihrer Seite: Ein geplanter Veröffentlichungszeitplan ermöglicht es Ihnen, Inhalte strategisch zu planen. Dies schafft Möglichkeiten für Cross-Promotion mit anderen Marketinginitiativen und ermöglicht nicht zuletzt eine bessere Ressourcenplanung. Die Veröffentlichungsstrategie kann nach einer Staffel oder einer Anzahl von Episoden angepasst werden. Auch der richtige Wochentag und die richtige Uhrzeit haben Einfluss auf den kurzfristigen Erfolg. Bei einem Corporate Podcast ist dies in der Regel weniger wichtig als die Veröffentlichungsfrequenz.

Wie lassen sich typische Fehler bei der Planung vermeiden? Erstellen Sie einen Content-Kalender mit Themen und Erscheinungsterminen. Und dann hinterfragen Sie kritisch Ihre Ressourcensituation. Optimieren Sie die Veröffentlichungsfrequenz Ihrer Episoden so, dass Sie die geplanten Produktions- und Veröffentlichungstermine auch in Stresssituationen sicher einhalten können. Hilfreich ist es außerdem, Hörerfeedback einzuholen und mithilfe von Analysetools die Abrufstatistiken auch im Zeitverlauf auszuwerten. Fordern Sie Ihre Hörerschaft aktiv auf, Wünsche zur Erscheinungsstrategie beizusteuern.

VIDEO:
Die optimale Veröffentlichungsfrequenz identifizieren.

Das lebendige Planungsinstrument

Die erste Redaktionsplanung kann auch Teil des ersten Kreativ-Workshops mit Ihrem Team sein. Oder die anschließende „Hausaufgabe". Das gern verbreitete Motto „Einfach mal anfangen" ist keine gute Strategie für einen erfolgreichen Corporate Podcast. Auch für die Vorstellung des Konzepts im eigenen Unternehmen, für die Budgetfreigabe und die Unterstützung durch die Geschäftsführung ist eine überzeugende, längerfristige redaktionelle Themenplanung extrem wichtig.

Ja, in diesem Punkt ähnelt Ihr Podcast-Projekt den bewährten Arbeitsabläufen in Medienunternehmen. Natürlich haben Sie – anders als bei einer Zeitschrift oder einer Radio- oder Fernsehsendung – immer die Flexibilität für Terminverschiebungen und keinesfalls den Druck, um jeden Preis pünktlich erscheinen oder auf Sendung gehen zu müssen. Aber auch für Corporate Podcasts gilt, dass eine regelmäßige und vorausschauende Planung Gold wert ist. Das ist vergleichbar mit Ihrer Produkt-Roadmap. Ein rein opportunitätsgetriebener Podcast, der spontan immer dann entsteht, wenn gerade ein Thema aufkommt, kann keine treue Hörerschaft aufbauen und wird immer wieder zu Problemen in der Ressourcenplanung führen. Dazu mehr in Schritt 3.

Ein Redaktionsplan hilft Ihrem Unternehmen, seine Ziele für den Podcast zu definieren und sicherzustellen, dass regelmäßig interessante und relevante Inhalte veröffentlicht werden. Darüber hinaus ermöglicht er eine gezielte Vermarktung und Bewerbung des Podcasts sowie Konsistenz und Synergieeffekte mit der übrigen Kommunikationsplanung des Unternehmens. Die Planung orientiert sich zum einen an Ihren konkreten Zielen und Botschaften, an wichtigen Ankündigungen oder Branchenhighlights und natürlich am Interesse Ihrer Zielgruppe. Mit jeder neuen Episode sollten Sie bereits das Interesse für die nächste Episode wecken. Dies gelingt besonders gut, wenn Sie die zukünftigen Themen und Talkgäste bereits kennen und identifiziert haben.

Egal, ob Sie allein für die redaktionelle Planung verantwortlich sind oder im Team regelmäßig eine kleine Redaktionskonferenz abhalten, Ihr lebendiges Planungsdokument sollte bei jeder Themenidee folgende Punkte enthalten:

▶ **Zielgruppe**
Alle Themen und Inhalte Ihres Podcasts sollten sich an den Bedürfnissen der Zielgruppe orientieren. Es lohnt sich daher nicht nur, diese Zielgruppe im Vorfeld möglichst genau zu definieren, sondern auch jedes Thema immer wieder auf seine Relevanz hin zu überprüfen. Auf die Zielgruppe gehe ich gleich noch etwas näher ein.

▸ **Ziel**
Unternehmen sollten für ihren Podcast klare Ziele definieren. Mögliche Ziele können zum Beispiel sein, das Image des Unternehmens zu verbessern, die Markenbekanntheit zu steigern oder die Kundenbindung zu erhöhen.
Ziele können aber auch die Attraktivität für Bewerber, das erfolgreiche Onboarding neuer Mitarbeiter oder die Weiterbildung von Vertriebspartnern sein. Um nur einige Beispiele zu nennen.

▸ **Dramaturgie**
Die Relevanz für Ihre Zielgruppe haben Sie bereits geprüft, ebenso den Beitrag zu Ihren Unternehmenszielen. Jetzt können Sie die Dramaturgie Ihres Corporate Podcasts optimieren: Achten Sie darauf, dass die Themen und Inhalte abwechslungsreich und interessant sind. Und berücksichtigen Sie bei der Reihenfolge zukünftiger Episoden, welche Themen aufeinander aufbauen und wiederum eine Brücke zur nächsten Sendung bilden können. So schaffen Sie eine enge Hörerbindung.

▸ **Zeitplan**
Ihr Redaktionsplan sollte auch einen Zeitplan für die Produktion und Veröffentlichung enthalten. Neue Themen können zunächst in eine Art Ideenpool einfließen, aber zumindest für die nächsten Wochen und Monate sollte es einen Zeitplan geben, der sich an der gewünschten Sendefrequenz orientiert. Diese Planung sollte möglichst konkrete Datumsangaben für kommende Ausgaben enthalten. Für Themen, die erst in einigen Monaten anstehen, genügt zunächst eine grobe Planung mit Kalenderwochen. Eine frühzeitige Terminplanung hilft, die notwendigen Ressourcen zu sichern.

▸ **Verantwortlichkeiten**
Halten Sie in Ihrer Planung für jede neue Themenidee fest, wer aus Ihrem Team dafür verantwortlich ist. Sei es für die inhaltliche Vorbereitung oder für die Ansprache von Talkgästen. Auch hier gilt: Ihre Planung kann lebendig und agil sein. Aber je näher die Produktion der nächsten Folge rückt, desto wichtiger sind klare Zuständigkeiten, festgehalten in Ihrem Redaktionsplan und transparent zugänglich für alle beteiligten Kolleginnen und Kollegen. Die Aufgaben der einzelnen Teammitglieder sollten aufeinander abgestimmt und definiert sein.

Eine vorausschauende Redaktionsplanung hilft aber auch in sehr kleinen Teams oder bei Einzelkämpfern. Sie ermöglicht eine effizientere Produktion der einzelnen Folgen und stellt sicher, dass alle Beteiligten ausreichend Zeit für die Produktion und Veröffentlichung haben. Und Zeit ist meist knapp.

VIDEO:
Die redaktionelle Planung Ihres Corporate Podcasts richtig angehen.

DOKUMENT:
Dokumenten-Vorlage für Ihre Redaktionsplanung. Eine ausgefüllte Vorlage finden Sie als Beispiel auf den folgenden Seiten.

Redaktionsplanung

Podcast: Muster-Podcast

Stand: 01.03.2024

Geplante Episoden

Episode	Thema/Gäste	Aufnahme	VÖ
#27	Experten-Talk mit XYZ	09.04.24	15.04.24
#28	Diskussionsrunde zum Thema XYZ	23.04.24	KW19
#29	Schwerpunktthema Messe XYZ	KW18	Mai

Themen-Pool

Thema	Passende Gäste	Wunsch-VÖ
Produkt XYZ	Produktmanager XYZ	Q2/2024
Service XYZ	Kundenbetreuer XYZ	September
Bewerber-Offensive	HR-Leiter/in XYZ	KW37

Gäste-/Experten-Pool

Gast/Experte/Kollege	Thema	Angefragt
Prof. Dr. XYZ	Neue Studie XYZ	ja
Martina Muster	Case Study XYZ	ja
CEO Dr. XYZ	Expansion in Region XYZ	nein

Wichtige Termine

Datum	Ereignis
KW19	Bilanzpressekonferenz Q1-2024
12.–13. Juni	Karrieretage
8. Juli	EVT Produkt XYZ

Auf eine klare Zielgruppe kommt es an!

Corporate Podcasts sind ein wichtiges Instrument für das Brand-Marketing, die Kommunikation mit Stakeholdern und die interne Weiterbildung. In einer Welt des Informationsüberflusses kann die Kunst, eine bestimmte Zielgruppe effektiv anzusprechen, einen großen Unterschied machen.

Hier gehe ich daher auf die Bedeutung der Zielgruppenansprache bei Corporate Podcasts ein und erläutere, warum diese Methode wesentlich erfolgreicher ist als ein „One-size-fits-all"-Ansatz.

Ein Podcast, der versucht, „alles für alle" zu sein, läuft Gefahr, für niemanden wirklich relevant zu sein. Je breiter die Zielgruppe, desto unwahrscheinlicher ist es, dass die Inhalte einen tiefen und nachhaltigen Eindruck hinterlassen. Im Gegensatz dazu ermöglicht die Fokussierung auf eine klar definierte Zielgruppe Relevanz, Engagement, Messbarkeit und Ressourceneffizienz. Die Inhalte sind maßgeschneidert und von hoher Bedeutung für die Zuhörer.

Eine engere Beziehung zur Zielgruppe ermöglicht gleichzeitig eine tiefere emotionale Bindung. Generell lässt sich im Marketing der Return on Investment besser messen, wenn eine bestimmte Zielgruppe angesprochen wird. Und die Ressourcen für die Produktion von Inhalten können besser optimiert werden.

Nehmen Sie sich also unbedingt die Zeit, Ihre Zielgruppe zu identifizieren und zu definieren! Bevor Sie Ihren Corporate Podcast starten, sollten Sie sich folgende Fragen stellen:

- Wer ist die primäre Zielgruppe?
- Welche Probleme oder Bedürfnisse haben diese Personen?
- Welchen Mehrwert kann der Podcast der Zielgruppe bieten?

Ein klares Verständnis dieser Punkte ermöglicht es Ihnen und Ihrem Team, Inhalte präzise und effektiv zu gestalten.

Als gelungenes Beispiel habe ich bereits den Podcast „MS & ich" von Novartis vorgestellt. Lassen Sie uns einen Blick auf weitere positive und negative Beispiele werfen. Neben starken Inhalten können auch Feedback- und Beteiligungsoptionen für die Hörerschaft zum Erfolg beitragen.

BEISPIELE. *Stellen Sie sich vor, Sie arbeiten für ein IT-Unternehmen. Sie starten einen Podcast, der sich speziell an CIOs richtet. In den Episoden geht es um Themen wie Cybersicherheit, digitale Transformation und Cloud-Strategien. Im Ergebnis gibt es mit hoher Wahrscheinlichkeit ein starkes Involvement und viele qualifizierte Leads.*

Umgekehrt springen wir einmal in das B2C-Segment. Sie vertreten eine große Handelskette und versuchen, einen Podcast für eine breite Zielgruppe zu starten. Die Themen reichen von Ernährungs- bis hin zu Haushaltstipps. Das Ergebnis? Trotz hoher Produktionskosten bleiben die Downloadzahlen niedrig und das Engagement der Zuhörer gering.

Zugegeben, das sind Beispiele ohne Allgemeingültigkeit. Eine bereits reichweitenstarke Marke mit großem Marketingbudget kann auch einen inhaltlich unspezifischen Podcast in den Fokus rücken. Aber erreicht man damit auch seine Ziele?

MEINE TIPPS für die gezielte Ansprache von Stakeholdern mit Ihrem zukünftigen Corporate Podcast.

- Schaffen Sie Inhalte mit Mehrwert! Die Inhalte sollten informativ, unterhaltsam oder inspirierend sein und die Probleme oder Bedürfnisse der Zielgruppe direkt adressieren.
- Nutzen Sie Feedback! Das Feedback der Zielgruppe kann wertvolle Hinweise auf zukünftige Themen und Verbesserungen geben.
- Scheuen Sie nicht die Segmentierung! Überlegen Sie, ob Sie Ihren Podcast in bestimmte Segmente unterteilen können, um verschiedene Untergruppen gezielt anzusprechen. Es ist völlig in Ordnung, wenn Sie zu dem Schluss kommen, dass eine Segmentierung Ihre Ressourcen übersteigt oder zu wenig Nutzen verspricht. Aber bitte beachten Sie diese Tipps!
- Die Kraft einer gezielten Zielgruppenansprache für Corporate Podcasts ist nicht zu unterschätzen. Durch eine klare Fokussierung können nicht nur Relevanz und Engagement gesteigert, sondern auch der ROI deutlich verbessert werden.
- Ein zielgruppenspezifischer Corporate Podcast ist in der Regel deutlich erfolgreicher als ein allgemeiner Ansatz, der versucht, alle Stakeholder und Zielgruppen gleichermaßen anzusprechen.

VIDEO:
Die klare Zielgruppe nicht aus den Augen verlieren. Ihr Podcast ist keine Universalwaffe!

Realistische Erfolgskriterien und langer Atem

In der schnelllebigen Welt des Marketings und der Unternehmenskommunikation sind sofortige Ergebnisse oft das erklärte Ziel. Unternehmen investieren massiv in Werbekampagnen, Social-Media-Aktionen und PR-Events in der Hoffnung, dass sich der Erfolg über Nacht einstellt. Dabei wird jedoch ein entscheidender Punkt vernachlässigt: die Bedeutung einer realistischen Erwartungshaltung und der Wert eines langsamen, stetigen Wachstums.

Gerade beim Storytelling, einem der nachhaltigsten Instrumente im Marketing-Arsenal, kann sich ein langer Atem als besonders wertvoll erweisen. Und ein Corporate Podcast ist Ihr mächtiges Werkzeug für Storytelling.

Ein häufiger Fehler von Podcastern ist es, mit unrealistischen Erwartungen an das Projekt heranzugehen. Oder, auch das kommt häufig vor, sich vorher keine Gedanken über Ziele oder Erfolgskriterien zu machen. Einen Podcast zu starten, weil es andere Unternehmen auch machen, ist keine gute Strategie. Und einen Podcast mit Performance-Marketing-Kriterien bewerten zu wollen, ist unrealistisch.

Ja, Ihr Podcast soll Erfolg haben! Aber die Definition dieser Meilensteine und Kriterien sollte sinnvollerweise nicht nur auf Abrufzahlen, Hörer- und Abo-Maximierung basieren. Zumindest nicht bezogen auf einzelne Episoden und ein wöchentliches oder monatliches Reporting.

Die Versuchung ist groß, schnelle Erfolge erzielen zu wollen, aber es ist wichtig, das große Ganze nicht aus den Augen zu verlieren. Realistische Erwartungen ermöglichen es Ihnen und Ihrem Team, langfristige Ziele zu setzen und Strategien zu entwickeln, die über den Augenblick hinaus wirken. Dieser Ansatz ist auch ökonomisch nachhaltiger, da er verhindert, dass Ressourcen für kurzfristige Aktionen verschwendet werden, die keine nachhaltige Wirkung haben.

Im Gegensatz zu tagesaktuellen Kampagnen, die oft nur kurzfristige Aufmerksamkeit erzeugen, hat Storytelling die Fähigkeit, über einen längeren Zeitraum relevante Beziehungen zu den Zielgruppen aufzubauen. Eine gut erzählte Geschichte kann emotional ansprechen und die Marke in den Köpfen der Menschen verankern.

Das wahre Potenzial von Storytelling entfaltet sich oft erst über einen längeren Zeitraum, in dem das Publikum eine tiefere Bindung zur Marke, zu Ihrem Unternehmen entwickelt – auch dank Ihres Podcasts. Aber genau das ist ein unschätzbarer, leider schwer messbarer Wert. Das sollten Sie von Anfang an in Ihrer Strategie berücksichtigen und auch gegenüber der Geschäftsführung oder anderen Unternehmensbereichen so kommunizieren. Ein realistisches Erwartungsmanagement gibt Ihnen den Spielraum, Ihren Podcast über einen Zeitraum mit regelmäßigen Episoden aufzubauen, Ihre Hörer besser kennenzulernen und ein eigenes Erfolgsreporting zu entwickeln.

Die nachhaltige Wirkung von Podcasts

Podcasts sind ein hervorragendes Beispiel für den langfristigen Nutzen von Storytelling. Im Gegensatz zu Werbespots oder Social-Media-Posts, die schnell in der Informationsflut untergehen können, bauen Podcasts ihre Reichweite oft über einen längeren Zeitraum auf. Die Halbwertszeit einer Podcast-Episode ist bemerkenswert lang, insbesondere wenn sie Teil einer Serie ist, die neugierig auf weitere Folgen macht. Diese nachhaltige Wirkung zeigt sich in der Loyalität und dem Engagement der Hörer. Und das können individuelle Erfolgskriterien sein. Immer vorausgesetzt, Sie sprechen eine bestimmte Zielgruppe an und bauen dort eine treue Hörerschaft auf. Schaffen Sie sich den nötigen Freiraum, um langfristige Beziehungen zu Ihren Stakeholdern aufzubauen. Ein langer Atem ist oft entscheidend, um die volle Wirkung zu entfalten. Podcasts veranschaulichen diese Prinzipien besonders gut, indem sie ihre Reichweite kontinuierlich und nachhaltig vergrößern.

In vielen Kundenprojekten und Workshops mit Geschäftsführern werde ich regelmäßig gefragt, wie viele Abrufe eine Episode haben muss, um im Marktvergleich erfolgreich zu sein. Und wie man es in die Charts von Apple Podcast oder Spotify schafft. Diese Fragen werden auch auf Sie zukommen, wenn Sie kein proaktives Erwartungsmanagement betreiben und wichtige Entscheider im Unternehmen mit ins Boot holen.

Beschreiben Sie daher in Ihrem Konzeptpapier nicht nur die strategische Idee, den Redaktionsplan und die Vorgehensweise, sondern gehen Sie von sich aus auf die Besonderheiten des Storytelling und insbesondere von Podcasts ein. Und machen Sie deutlich, dass Sie den Erfolg Ihres Podcasts regelmäßig evaluieren werden. Denn die Investition von Budget und Ressourcen erfordert zu Recht auch einen Meilensteinplan, Ziele und Erfolgskriterien. Diese haben aber nichts mit Superlativen und reiner Quantität zu tun. Qualitative Erfolge sind gefragt. Und vermeiden Sie einen „Quotenvergleich" wie bei Radio und Fernsehen. Betrachten Sie alle Episoden Ihres Podcasts als ein Team. Der Erfolg kommt von allen Teammitgliedern. Messen und analysieren Sie deshalb über eine Staffel von sechs oder zwölf Episoden. Es ist ganz natürlich, dass das eine oder andere Thema und der eine oder andere eingeladene Experte mehr oder weniger Zuhörerinnen und Zuhörer erreicht. Dennoch trägt jede einzelne Episode zum Gesamterfolg bei. Sprechen Sie daher im Erwartungsmanagement immer von der Gesamtheit aller Episoden.

Während quantitative Metriken wie Abrufzahlen, Abonnenten und Reichweiten häufig im Mittelpunkt der Marketing-Erfolgsmessung stehen, bieten sie nur eine eingeschränkte Sicht auf die tatsächliche Wirkung von Storytelling und Corporate Podcasts. Qualitative Erfolgskriterien gewinnen zunehmend an Bedeutung, da sie Einblicke in die Tiefe der Zuhörerbindung und die emotionale Wirkung einer Geschichte geben. Indikatoren wie die Qualität der Zuschauerinteraktion, der Grad der Mundpropaganda oder die Einbindung der Community können Anzeichen für ein höheres Maß an Engagement und Loyalität sein.

Ein weiteres qualitatives Erfolgskriterium ist die Authentizität der Geschichte. In einer Zeit der Informationsüberflutung suchen Menschen nach authentischen, wahrhaftigen Geschichten, die eine tiefere menschliche Bindung ermöglichen – auch und gerade im Business. Und gerade im Corporate Podcasting, wo das Publikum oft eine enge Beziehung zur Marke oder den Sprechern aufbaut, ist Authentizität ein entscheidender Faktor für den langfristigen Erfolg. Der ehrliche und transparente Umgang mit komplexen Themen kann das Vertrauen in die Marke deutlich stärken und eine nachhaltige Hörerbindung fördern.

Nutzen Sie diese Argumente für Ihre ganz individuelle Erfolgsmessung und setzen Sie das Thema am besten gleich beim Auftaktworkshop mit Ihrem Team auf die Agenda. Je früher Sie die für Ihr Unternehmen wertvollen qualitativen Erfolgskriterien in Ihr Konzept integrieren, desto leichter gewinnen Sie Mitstreiter und Unterstützer. Und Sie vermeiden unsinnige Vergleiche mit Performance-Marketing wie Google Ads.

VIDEO:
Ziele, Erfolge und Erwartungsmanagement:
So entwickeln Sie ein adäquates Reporting.

DOKUMENT:
Praxis-Beispiel eines aussagekräftigen
Reportings für Ihren Corporate Podcast.

Schritt 3:
Die realistische Planung von Ressourcen

Die Ressourcenkomplexe

Die Ressourcenplanung für Ihren Corporate Podcast birgt die größten Stolperfallen und ist in der Praxis immer wieder ein Grund, warum ambitionierte Projekte nach kurzer Zeit wieder eingestellt werden. Dabei sind drei Ressourcenkomplexe zu unterscheiden:

1. Zum einen die notwendigen Ressourcen für die redaktionelle Betreuung, Themenfindung und Manuskripterstellung.

2. Zum anderen das Talent-Sourcing, wenn Kollegen und Experten aus dem eigenen Unternehmen vor das Mikrofon geholt werden sollen. Die Planung ist auch ein guter Realitätscheck für Ihr Konzept!

Wenn Sie bei diesen Planungen Schwierigkeiten haben, gehen Sie noch einmal einen Schritt zurück oder sprechen Sie mit Kolleginnen und Kollegen aus anderen Abteilungen.

3. Dann brauchen Sie Ressourcen für Aufnahme, Schnitt und Mastering sowie für Veröffentlichung und Marketing. Hier kann man sich natürlich je nach Bedarf von externen Podcast-Profis und Agenturen unterstützen lassen.

Dennoch ist eine realistische Aufwands- und Ressourcenplanung sinnvoll, denn egal, ob Sie alles selbst im Team machen oder sich unterstützen lassen: Ihre Budgetplanung basiert auf dem benötigten Zeitaufwand. Und der wird bei Podcasts oft unterschätzt. Natürlich gibt es viele Podcaster, die ihren Podcast als Hobby betrachten und mit Freude viel Freizeit investieren. Als Corporate Podcaster sollten Sie natürlich auch Spaß an dem Projekt haben und mit Freude auf Sendung gehen. Aber Sie haben sicherlich begrenzte Ressourcen und ohnehin beruflich viel zu tun.

In diesem Kapitel geht es mir nicht darum, Ihnen Angst vor dem Zeitaufwand für einen Corporate Podcast zu machen, sondern Sie zu einer rechtzeitigen und realistischen Planung zu motivieren. In Beratungsmandaten und Workshops stelle ich immer wieder fest: In vielen Unternehmen wird der Podcast von Mitarbeitern „nebenbei" geplant und produziert, was zu einer Überlastung der Mitarbeiter und unzureichenden Ressourcen führen kann. Die Produktion eines erfolgreichen Corporate Podcasts erfordert jedoch eine sorgfältige Planung und ausreichende inhaltliche und produktionstechnische Ressourcen. Die Mitarbeit am Podcast sollte im Aufgabenfeld der jeweiligen Kolleginnen und Kollegen verankert werden.

Bitte beachten Sie daher die folgenden Tipps:

▸ **Identifizieren Sie die Ressourcen**
Listen Sie wirklich alle Arbeitsschritte auf, die Sie für die Produktion Ihres Corporate Podcasts benötigen. Dazu gehören die inhaltliche Konzeption, das Gästemanagement und die Moderation, die technische Betreuung und natürlich die Veröffentlichung sowie PR und Marketing.

▸ **Stellen Sie ein Budget auf**
Unternehmen sollten ein Budget für die Produktion des Podcasts festlegen. Dieses Budget sollte die Kosten für Personal, Technik und Equipment, aber auch für die Bewerbung und Vermarktung des Podcasts berücksichtigen. Oder für externe Unterstützung. Die Technik ist in den letzten Jahren günstiger geworden, aber mit dem Kauf eines Mikrofons ist es nicht getan. Aber – und das ist die gute Nachricht – auch unabhängig von der Höhe Ihres Budgets können Sie einen tollen und erfolgreichen Corporate Podcast realisieren.

Gleich im Anschluss an diese Tipps erfahren Sie Näheres zu einer gründlichen Finanzplanung. Denn aus Sicht Ihres Unternehmens und einer soliden Gesamtkostenbetrachtung gibt es kein Projekt „zum Nulltarif". Auch die Zeit, die Sie und Ihre Mitarbeiterinnen und Mitarbeiter investieren, ist wertvoll.

▸ **Setzen Sie Prioritäten**
Stellen Sie sicher, dass die Ressourcen für die wichtigsten Aufgaben rund um Ihren Podcast ausreichen, dass sie genügen, um qualitativ hochwertige und für die Zielgruppe attraktive Inhalte zu produzieren und regelmäßig neue Episoden zu veröffentlichen. „Regelmäßig" bedeutet nicht „so oft wie möglich", sondern „so viele Episoden wie nötig". Entscheidend sind Ihr Konzept und Ihre Redaktionsplanung, die nicht immer wieder an mangelnden Ressourcen scheitern sollte.

▸ **Delegieren Sie Aufgaben**
Ja, fast alle Arbeitsschritte eines Podcasts machen Spaß. Auch der Umgang mit der Technik und die Arbeit vor dem Mikrofon. Da es sich aber nicht um einen Hobby-Podcast handelt, sollten Aufgaben und Verantwortlichkeiten klar definiert und delegiert werden. Für einen reibungslosen Ablauf der Produktion ist es wichtig, dass alle am Podcast Beteiligten ihre Aufgaben und Zuständigkeiten genau kennen. Und auch als „Einzelkämpfer" sollten Sie professionell planen, welche Aufgaben Sie delegieren wollen und wofür Sie externe Unterstützung benötigen. Mit professioneller Planung meine ich eine wirtschaftliche Planung und eine Planung, die auch dann noch funktioniert, wenn die nächste Messe oder eine wichtige Firmenveranstaltung ansteht.

Grundsätzlich können Sie, auch mithilfe der folgenden Kapitel dieses Leitfadens, alle Arbeitsschritte in Eigenregie und als „Selbstfahrer" – wie man in der Broadcast-Branche sagt – in Angriff nehmen und Erfahrungen sammeln. Das ist aber selten der effizienteste und kostengünstigste Weg. Mein klarer Rat lautet daher: Suchen Sie sich Mitstreiter. Im eigenen Haus oder auf Dienstleisterseite.

▶ **Denken Sie an Outsourcing**
Sie können einzelne oder viele Aufgaben rund um Ihren Corporate Podcast auslagern. So können Sie beispielsweise die Studioproduktion oder das Schneiden der Episoden an einen professionellen Dienstleister outsourcen, um eine hohe tontechnische Qualität zu gewährleisten und Ihre Mitarbeiter zu entlasten. Ein Podcast ist jedoch kein Werbespot oder Marketingvideo. Ein erfolgreicher und authentischer Corporate Podcast lebt von Ihnen, Ihren Inhalten und Ihrer Geschichte. Betrachten Sie die Themen Delegieren oder Outsourcing daher ganz pragmatisch: Es geht darum, Sie punktuell zu entlasten, damit Sie noch mehr Kreativität und Kraft in die inhaltliche Planung investieren können und Ihr neues Projekt nicht zur zeitlichen Belastung wird. Sie behalten die Kontrolle! Es ist Ihr Projekt! Dazu möchte ich Sie ausdrücklich ermutigen.

Ein guter Corporate Podcast ist nichts, was man einfach kaufen kann. Ohne Sie, Ihr Wissen über das Unternehmen und die Zielgruppe, geht es nicht, auch wenn Sie sich noch so viel professionelle Unterstützung holen. Und umgekehrt, je nach Ihrer ganz individuellen Ressourcensituation, ist es einfach professionell, sich bedarfsorientiert helfen zu lassen. Von Fall zu Fall oder dauerhaft. So können Sie systematisch lernen und Know-how im Team aufbauen.

Solide Budgetplanung und Gesamtkostenbetrachtung

Die Bedeutung einer Budgetplanung für Marketing und Unternehmenskommunikation ist unbestritten. Dennoch gehört Podcasting häufig zu den Kommunikationsaktivitäten, bei denen eine solide Finanz- und Ressourcenplanung fehlt. Zudem ist immer wieder eine fehlende Gesamtkostenbetrachtung festzustellen. Doch woran liegt das? Und wie lassen sich diese Fehler vermeiden?

Die Ursachen sind sicherlich vielfältig, im Kern geht es aber um das Do-it-yourself-Image der Podcast-Produktion. Hersteller von Mikrofonen und Mischpulten, Software- und Hosting-Anbieter und unzählige „YouTube-Experten" malen das Bild vom niedrigschwelligen Einstieg ins Podcasting. Für Hobby-Podcaster, die ihre Freizeit investieren, ist das sicher richtig. Für Sie als Corporate Podcaster ist das aber ein kommerzieller und strategischer Denkfehler. Denn Ihre Arbeitszeit und die Ihrer Teamkollegen ist für Ihr Unternehmen nicht nur eine wertvolle und begrenzte Ressource, sondern natürlich auch mit klar bezifferbaren Kosten verbunden. Das gilt auch für Nachwuchskräfte, Volontäre, Werkstudenten oder Praktikanten.

Natürlich gibt es große Konzerne, die Corporate Podcasts ganz selbstverständlich als Erweiterung oder Modernisierung ihres Corporate Publishing-Portfolios betrachten. Im Segment der aufwendigen Hochglanz-Kundenmagazine war und ist die Zusammenarbeit mit externen Dienstleistern etabliert und hohe Budgets sind üblich. Für die meisten Unternehmen, vielleicht auch für Sie, ist die Entscheidung für einen Podcast jedoch ein Neustart, ein Experiment. Und die Attraktivität des Formats rührt auch daher, dass es nicht zwangsläufig mit hohen Investitionen oder mehr oder weniger teuren Agenturen und Dienstleistern verbunden ist.

Das ist nachvollziehbar und richtig. Sie bekommen mit der Lektüre dieses Buches und mit den multimedialen Zusatzmaterialien viel Wissen an die Hand, um Ihr Podcast-Projekt strategisch zu planen und effizient zu starten. Und ich gebe Ihnen Tipps, wie Sie häufige Fehler vermeiden können.

Podcast-Dienstleister vs. Do-it-yourself-Produktion

Ein häufiger Fehler, so die Erfahrung aus vielen Projekten, ist es, die einzelnen Arbeitsschritte und Leistungspakete eines Corporate Podcasts nicht zu bewerten und im Sinne einer Gesamtkostenbetrachtung abzuwägen, ob die Unterstützung und

Entlastung durch einen Podcast-Dienstleister oder ein professionelles Studio am Ende nicht Budget spart und wertvolle Ressourcen freisetzt.

Auch wenn Sie wissen, dass Ihre Geschäftsführung Inhouse-Lösungen bevorzugt und Sie Ihren Podcast zumindest anfangs nur als Eigenproduktion starten können und wollen, macht es Sinn, den Wert Ihrer Leistung zu kennen. Informieren Sie sich bei erfahrenen Podcastern und Produzenten wie mir über realistische Produktionskosten. Diese sind zum Teil deutlich niedriger, als Sie vielleicht denken, da Podcast-Produktionsfirmen und Studios meist aus der Broadcast-Welt kommen und nicht aus Werbe- und Kommunikationsagenturen.

Warum sind diese Informationen für Sie nützlich? Sie kennen die Kosten, können die einzelnen Leistungsbausteine bewerten und Ihrem Einsatz und dem Ihres Teams zumindest virtuell ein Budget zuordnen. Das hilft Ihnen bei der Beantragung zusätzlicher Stellen im Team und bei künftigen Budgetabstimmungen. Vor allem aber arbeiten Sie professioneller! Denn Sie können nun verlässlich planen und auch ein Notfallszenario entwickeln. Sie wissen, an wen Sie sich bei Überlastung und Ressourcenengpässen auch spontan wenden können, und kennen realistische Kosten für eine solche Dienstleistung.

So sichern Sie den Fortbestand Ihres Podcast-Projekts auch im Falle von Krankheit oder Arbeitgeberwechsel Ihrer Teammitglieder. Und wenn Sie diese Recherchen und Gespräche frühzeitig führen, kann das für Ihre erste Konzeptarbeit sehr wertvoll sein.

> **MEIN TIPP.** Sprechen Sie sehr offen mit externen Podcast-Dienstleistern. Die vage Frage „Was kostet bei Ihnen ein Podcast?" ist ebenso wenig zielführend wie das Einholen von Angeboten, bevor man wirklich ein fertiges Konzept hat. Dann vergleicht man Äpfel mit Birnen. Oft ist gerade am Anfang eine Unterstützung sehr wertvoll, zum Beispiel in Form eines Strategie-Workshops.

Sie entscheiden, wie umfangreich und regelmäßig die Unterstützung sein soll, welche Rolle Sie und Ihr Team übernehmen können und wollen und ob auch bestehende Agenturen eingebunden werden sollen. Das Schöne am Podcasting ist die hohe Flexibilität.

Lassen Sie uns einen Blick auf Vor- und Nachteile einer Do-it-yourself-Produktion werfen:

Den möglichen Vorteilen wie Kostenersparnis, zeitliche Flexibilität und Wissenstransfer ins Unternehmen stehen die technischen Anforderungen, das Risiko einer schlechten Tonqualität und vor allem die zeit- und ressourcenintensive Produktion gegenüber.

Wenn Sie einen professionellen Dienstleister beauftragen, können Sie sich auf die Qualität verlassen, profitieren von der Expertise und sparen eigene Zeit und Teamressourcen. Aber bedeutet das auch mehr Abhängigkeit, weniger Kontrolle und höhere Kosten? Das lässt sich nicht pauschal beantworten und hängt von vielen Faktoren ab.

Ich möchte Sie vor allem motivieren, diese Entscheidung ergebnisoffen anzugehen. Wägen Sie ab, welche Ressourcen und Kompetenzen im Unternehmen vorhanden sind, welche Qualität sie garantieren können und was Sie am besten entlastet. Möglich ist auch eine Kombination aus beiden Ansätzen, indem Sie beispielsweise die Aufnahme Ihres Podcasts selbst übernehmen und die Postproduktion an einen professionellen Dienstleister auslagern. Dessen Erfahrung und technische Ausstattung können den Aufwand für Schnitt und Mastering deutlich reduzieren – und damit auch die Kosten. Denn Dienstleister und Studios denken in Arbeits- und Studiostunden und nicht in Minuten Ihrer Episode.

Professioneller Moderator vs. Eigen-Moderation

Auch die Frage der Podcast-Moderation sollte strategisch geplant und begründet werden.

Oliver Schwartz während einer Podcast-Aufzeichnung im Studio (Foto: Turtle-Media)

Der Podcast-Host spielt aus Sicht der Hörerinnen und Hörer eine wichtige Rolle. Er oder sie ist die Person, die durch den Podcast führt, Themen vorstellt, Expertinnen und Experten interviewt und die Hörerinnen und Hörer durch die Episode begleitet. Er oder sie sollte eine angenehme Stimme haben, gut vorbereitet und in der Lage sein, interessante und relevante Fragen zu stellen. Ein erfahrener Moderator kann auch dazu beitragen, eine professionelle Atmosphäre zu schaffen und das Unternehmen und dessen Themen optimal zu präsentieren. Sie sehen, auch hier gilt es abzuwägen. Ein professioneller Moderator kann eine sehr gute Wahl sein, wenn er oder sie die Podcast-Stimme Ihres Unternehmens werden kann und nicht zu prominent ist und von Ihren Themen ablenkt. Wenn Sie begeisterte „Freiwillige" in Ihrem Team oder Unternehmen haben oder selbst als Moderator auftreten möchten, kann dies eine attraktive Alternative sein – denn Sie kennen Ihr Unternehmen besser als jeder externe Profi. Gegebenenfalls ist ein Moderationstraining sinnvoll. Mehr zu den nötigen Fähigkeiten und praktische Tipps finden Sie in Schritt 4.

Die Entscheidung für oder gegen einen erfahrenen Profi-Moderator ist aber natürlich auch eine Budgetfrage, und damit sind wir wieder beim Thema dieses Kapitels: der Gesamtkostenbetrachtung. Denn ein erfahrener Moderator nimmt Ihnen auch viel Vorbereitungsarbeit ab und sorgt für eine souveräne Produktionsatmosphäre ohne Nervosität. Der Moderator versteht es, Ihre Talkgäste und Experten zu motivieren und das Gespräch aus Sicht des Publikums unterhaltsam und inhaltsstark zu führen. Das gibt Ihnen viel Freiraum, der wiederum der redaktionellen Planung Ihres Podcasts zugutekommen kann.

VIDEO:
Vielen Corporate Podcasts fehlt eine verlässliche Ressourcenplanung. So geht es!

CHECKLISTE:
Prüfen und bewerten Sie mithilfe dieser Checkliste Ihre Ressourcen.

Umso besser natürlich, wenn Ihre Ressourcenplanung keine Probleme aufwirft. Dann sind Sie gut vorbereitet! Auf den folgenden Seiten erfahren Sie, wie die Aufnahme und Produktion Ihres Podcast funktioniert, was Sie bei der Veröffentlichung Ihres Podcasts beachten sollten und wie ein begleitendes Marketing aussehen kann.

VIDEO:
Woran Sie bei der Ressourcenplanung unbedingt denken sollten.

Schritt 4:
Die Produktion
Ihres Podcasts

Die Vorbereitung

Viele Menschen sind irritiert, wenn sie sich auf einer Tonbandaufnahme hören. Wir hören uns selbst anders, als andere uns hören. Der Grund für diese unterschiedliche Wahrnehmung liegt darin, dass wir beim Sprechen unsere eigene Stimme sowohl über den äußeren Gehörgang als auch über das Innen- und Mittelohr hören. Die Schallwellen unserer Stimme gelangen über die Schädelknochen ins Innenohr. Wenn wir uns später auf einer Aufnahme hören, tun wir dies in erster Linie über den äußeren Gehörgang, so wie uns auch unsere Mitmenschen hören.

Und doch sprechen selbst Profis nicht selten begeistert von Tontechnikern, Studios und Mikrofonen, die ihnen das Gefühl geben, originalgetreu aufgenommen worden zu sein. Das ist natürlich eine Illusion. Richtig ist aber, dass jedes Mikrofon bei jeder Stimme anders klingt, und natürlich wird ein erfahrener Produzent einen Popstar so aufnehmen und abmischen, dass nicht nur das Publikum begeistert ist, sondern auch der Star selbst sich wohl fühlt. Umso natürlicher wird er im Studio vor dem Mikrofon performen. Und umso überzeugender ist das Ergebnis.

Auch im Radio und Fernsehen gibt es viele Moderatoren, die „ihr" ganz persönliches Mikrofon lieben und auf bestimmte Kopfhörer oder In-Ears schwören. Ich erwähne das, weil auch Sie ähnliche Erfahrungen machen werden. Kollegen werden Sie für Ihren gelungenen Podcast loben, doch Sie werden vielleicht mit Ihrer eigenen Leistung vor dem Mikrofon hadern. Das ist normal, und anders als bei den Influencer-Plaudertaschen auf YouTube ist es bei einem Corporate Podcast auch durchaus hilfreich, ein wenig von professionellen Sprechern und Moderatoren zu lernen, die sich ebenso regelmäßig kritisch zuhören und an Betonung, Satzmelodie und Atemtechnik arbeiten.

Ein Podcast lebt aber auch von Authentizität, und Sie müssen und sollten nicht versuchen, wie ein Radiomoderator, Hörbuchsprecher oder Schauspieler zu klingen. Vielmehr geht es darum, die Hörerinnen und Hörer mit der eigenen Stimme zu fesseln und das Interesse am Weiterhören zu wecken. Seien Sie normal und locker, denn wer will schon 30 Minuten lang eine der markanten Werbestimmen oder die Synchronstimme von Bruce Willis hören? Es geht um Ihr Unternehmen, Ihre Mitarbeiterinnen und Mitarbeiter und Ihre Geschichte. Deshalb ist Natürlichkeit wichtig. Aber, und das ist auch wichtig, es gibt bestimmte Eigenheiten, die das Zuhören anstrengend oder ermüdend machen. Dazu gehören in erster Linie eine hektische Stimme und eine Betonung und Satzmelodie, die die Zuhörer überraschen oder abschrecken.

Von professionellen Sprechern und Moderatoren lernen

Die Atemtechnik will gelernt sein, und oft bleibt Laien mitten im Satz die Luft weg, weil sie keine dramaturgisch passende Atempause einlegen wollen und zu viele Sätze zu schnell hintereinander verweben. Auch Zischlaute, Rauschen und Ploppgeräusche können die Zuhörerinnen und Zuhörer regelrecht verwirren – vor allem, wenn man den Podcast über Kopfhörer hört. Und natürlich merken wir selbst oft gar nicht, mit wie vielen Füll- und Verlegenheitswörtern wir arbeiten – viele Menschen mit „Äh" oder „Mh", andere zum Beispiel mit zahlreichen „Ja".

Problembewusstsein ist bekanntlich der erste Schritt zur Verbesserung, und so empfehle ich Ihnen, zunächst einmal Probeaufnahmen zu machen, um ein Gefühl dafür zu bekommen, welche der oben genannten „Störfaktoren" Sie generieren. Sie werden überrascht sein, welche kleinen Eigenheiten Ihnen im Alltag gar nicht auffallen. Spielen Sie zum Spaß auch einmal eine TV-Talkshow aus der Mediathek mit Start und Stopp aufmerksam ab. Auch hier werden Sie überrascht sein, welche Eigenheiten selbst mikrofonerfahrene Talkgäste und sogar Moderatoren haben. Auch die Atemtechnik des Profis Markus Lanz ist nicht immer optimal. Normalerweise „versendet" sich das und wir als Zuschauer oder Zuhörer bekommen davon wenig mit. Bei Podcasts dagegen hört man intensiver zu, da fallen Fehler stärker auf.

Aber lassen Sie sich jetzt bitte nicht abschrecken! Vielmehr möchte ich Sie motivieren, sich mit dem wichtigsten Werkzeug eines jeden Sprechers und Moderators zu beschäftigen – Ihrer Stimme. Schon mit wenigen Übungen und Routinen können Sie große Fortschritte erzielen. Und diese Erfolgserlebnisse machen Spaß!

Im Folgenden finden Sie einige Tipps, die Sie ausprobieren und vor Beginn und während des Podcasts zu Ihrer Routine machen sollten.

Vor dem Podcast:

▸ Nehmen Sie sich vor der Aufnahme wenigstens ein, zwei Minuten Zeit, um Ihren Sprechapparat zu lockern: Atmen Sie intensiv und bewegen Sie dabei Arme und Schultern. Gähnen Sie auch dabei. Heben Sie beim Einatmen die Schultern und lockern Sie diese bei Ausatmen. Und natürlich ist stilles Wasser kurz vor der Aufnahme besser als Kaffee.

▸ Vermeiden Sie Sitzpositionen, bei denen Sie „zu bequem" wie auf einem tiefen Sofa sitzen. Behalten Sie eine Körperspannung und setzen Sie sich lieber möglichst aufrecht und eher vorne auf Ihren Stuhl oder experimentieren Sie auch einmal mit einer stehenden Position. Nicht ohne Grund arbeiten Sängerinnen und Sänger, Synchronsprecher, aber auch viele Radiomoderatoren stehend im Studio.

- Sorgen Sie mit einem Vorgespräch in ruhiger, lockerer Atmosphäre dafür, dass keiner der Beteiligten angespannt oder nervös ist. Auch lachen kann den Sprechapparat auflockern. Das gilt auch für Gesprächspartner, die remote hinzugeschaltet sind.

Exkurs: Das inhaltliche Vorgespräch

Gehen Sie immer davon aus, dass selbst äußerst souveräne Persönlichkeiten vor einer Podcast-Teilnahme nervös sind! Sie steigern diese Angespanntheit, wenn Sie kurz vor der Aufnahme versuchen, detailliert Gesprächsinhalte abzustimmen. Machen Sie das nicht!

Ein inhaltliches Vorgespräch sollte idealerweise lange vor der Aufnahme stattfinden. Kurz vor der Aufnahme ist es viel hilfreicher, wenn Sie Ihren Gästen allgemein etwas über den Produktions-Workflow des Podcasts erzählen und ihnen ein gutes Gefühl geben. Loben Sie die stimmliche Präsenz über das Mikrofon und signalisieren Sie Ihre eigene Vorfreude auf das Gespräch.

Profis haben zwar oft einen detaillierten Sendeplan, vermeiden es aber, diesen mit ihren Gesprächspartnern zu teilen – denn dann wirken die Gespräche nicht mehr spontan und authentisch. Natürlich sollte sich Ihr Gast nicht mit unangenehmen Fragen überfallen fühlen, aber eine spontane, nicht gescriptete Gesprächsdramaturgie macht jeden Podcast spannender. Fragen Sie Ihre Gäste nach Tabuthemen, Botschaften und Inhalten, die ihnen am Herzen liegen, und überraschen Sie sie mit erfrischenden Fragen, die echtes Interesse signalisieren.

Im Vorgespräch sollte man die Interviewpartner auch respektvoll motivieren, sich in ihren Antworten eng an die Frage zu halten. Gerade wissenschaftliche Experten neigen manchmal dazu, in einen universitären Vortragsmodus zu verfallen und alles Wissen in eine einzige Antwort packen zu wollen.

Während des Podcasts:

▶ **Vermeiden Sie überlange Suggestiv-Fragen**, die schon erkennen lassen, welche Antwort Sie erwarten. Natürlich können Sie, je nach Format Ihres Podcasts, eigenes Wissen, eigene Erfahrungen und Meinungen einbringen. Aber stellen Sie dann den weiteren Protagonisten ergebnisoffene Fragen mit echter Neugierde. Wenn Sie nicht selbst moderieren, geben Sie diese Tipps bitte an Ihre Teammitglieder beziehungsweise die jeweilige Moderatorin oder den Moderator weiter.

▶ **Vermeiden Sie lange Schachtelsätze** und machen Sie bewusste Atempausen. Diese können in der Postproduktion einfach entfernt werden. Eine gehetzte Betonung und Atmung in nahtlos ineinander übergehenden Satzmonstern lassen sich dagegen wesentlich schwieriger beheben. Vergessen Sie nie, dass Ihr Publikum Ihnen sehr intensiv zuhört, meist mit Kopfhörern. Gönnen Sie sich deshalb eine klare Betonung, eine angenehme, nicht überhastete Satzmelodie und vermeiden Sie Atemlosigkeit.

▶ **Sprechen Sie langsam.** Selbst bei den professionellen Sprechern der Werbespots, wo bekanntlich jede Sekunde zusätzliches Marketinggeld kostet, wird nicht so schnell und hektisch gesprochen, wie es am Ende klingt. Vielmehr wird die hohe Dynamik und Geschwindigkeit erst im Nachhinein durch geschickte Schnitte erzeugt.

▶ **Lassen Sie die anderen aussprechen.** In Fernseh-Talkshows erleben Sie oft, dass Moderatoren ihren Gästen ins Wort fallen. Im Radio benutzen Journalisten einen sogenannten „Ducking Mode", der ihren Audiokanal automatisch dominanter macht und situativ die Tonspuren der Gäste absenkt. Dieses Feature besitzen auch einige Podcast-Mischpulte. Viel besser ist es aber, mit den teilnehmenden Protagonisten Blickkontakt zu halten und mit Mimik und vereinbarter Gestik das Gespräch zu führen.

▶ **Arbeiten Sie mit Moderationskarten**, aber nicht mit ausformulierten Manuskripten. Sollten längere Vorformulierungen notwendig sein, zum Beispiel um Ihre Gäste korrekt vorzustellen oder um komplexe Themen korrekt anzumoderieren, dann üben Sie diese bitte vorher mit lauter Aussprache. Ihre Hörerinnen und Hörer sollen immer das Gefühl haben, dass Sie spontan formulieren und moderieren. Das macht einen Podcast attraktiv. Lediglich bei der Begrüßung und Anmoderation ist man vorformulierte Sätze gewohnt – auch aus Fernsehen und Radio.

Sie können auch eine Hybrid-Strategie fahren, um ganz entspannt zu sein: Bereiten Sie Ihre Moderationskarten mit Stichwörtern und Informationen auf der jeweils oberen Hälfte vor und notieren Sie ergänzend in der unteren Hälfte längere Formulierungen oder ganze Sätze, wo es Ihnen thematisch notwendig erscheint. Dann haben Sie immer ein Fangnetz, wenn Ihnen einmal die spontanen Worte und Formulierungen ausgehen.

- Selbst wenn Ihr Podcast ja in der Regel nicht live gesendet wird: **Unterbrechen Sie nicht mittendrin!** Und vereinbaren Sie mit Ihren Gästen und Protagonisten, dass Sie „live on tape" aufnehmen – also die ganze Sendung am Stück. Glauben Sie mir, alles andere – das Unterbrechen bei Versprechern oder wenn der Faden verloren geht – führt zu einem schlechten Ergebnis. Und das merkt Ihr Publikum. Beherzigen Sie das Motto „The show must go on!" – auch wenn Sie Störgeräusche hören. Helfen Sie Gästen, die sich verhaspeln oder um Worte ringen. Solange es nicht „brennt", nehmen Sie die Sendung als Ganzes auf und entscheiden dann, ob Sie einzelne Passagen zur Sicherheit wiederholen wollen.

Eine Wiederholung macht vor allem bei fachlich sensiblen Themen Sinn, die einer Reglementierung unterliegen. Werden beispielsweise medizinische oder rechtliche Themen versehentlich missverständlich vermittelt, wird sich Ihr eingeladener Experte hinterher unwohl fühlen. Hier ist es immer sinnvoll, zusätzliche prägnantere Passagen einzufügen. Im Nachhinein. Und wenn Sie sich als Moderator verplappert haben, dann überspielen Sie das charmant und nehmen auch diese Passage später noch einmal in Ruhe auf.

Es gibt Stars, die damit kokettieren, ihre eigenen Filme oder Sendungen nie zu sehen oder ihre eigenen Bücher nach der Abgabe an den Verlag nicht mehr in die Hand zu nehmen. Das ist genauso Unsinn wie die Behauptung, Lob und Kritik würden ignoriert. Gehen Sie davon aus, dass Profis auch nach vielen Jahren noch den Ehrgeiz haben, überzeugende und begeisternde Ergebnisse abzuliefern, und dass sie sich ihre eigenen Sendungen sehr wohl ansehen oder anhören – und auf Kritik hören. Das kommt nicht aus Unsicherheit, sondern aus dem Wunsch nach Übung und Optimierung.

Mein letzter Tipp in diesem Kapitel: Hadern Sie nicht mit sich selbst, wenn eine Podcastaufnahme nicht so glatt läuft wie geplant. Seien Sie nicht zu selbstkritisch, auch nicht mit Ihrer Stimme und Ihrer Ausstrahlung. Arbeiten Sie an Ihrer Sprech- und Atemtechnik – aber immer mit einem konstruktiven Blick nach vorne.

Am Ende überzeugt ein Podcast vor allem durch Inhalt und Authentizität. Niemand erwartet, dass Sie wie ein Radio- oder Fernsehprofi klingen. Aber Ihre Zuhörer werden es positiv spüren, wenn Sie routinierter werden und das Mikrofon zu Ihrem Freund wird. Dass Sie sich auf den Podcast und Ihre Gäste freuen. Und dass Sie gut vorbereitet sind. Vor allem aber, dass Sie in einer ruhigen, entspannten Atmosphäre aufnehmen.

Nun geht es an die Produktion Ihres Podcasts. Diese gliedert sich in die Aufnahme und den Schnitt und die tontechnische Nachbearbeitung, das „Mastering". Zum Ende des Kapitels gehe ich wie versprochen auf das für einen Podcast nötige Equipment, die Hard- und Software, ein.

AUDIO:
Podcasten wie ein Profi heißt von Profis lernen. Tipps und Tricks.

Die Aufnahme

Ein Podcast zeichnet sich einerseits durch seine große Flexibilität in Bezug auf Format und Länge aus. Andererseits gibt es technische Grundlagen und Standards, die Sie kennen sollten.

Zunächst befassen wir uns mit dem Setting, also dem Ort, an dem Sie Ihren Podcast aufnehmen können. Danach erkläre ich Ihnen alles Wissenswerte rund um den „Ton". Ein weiteres Thema ist der Klang, also die Akustik.

Wichtig für eine reibungslose Produktion ist neben einer guten Vorbereitung die Vermeidung von Fehlern, die in der Hektik leicht passieren. Deshalb finden Sie auch hier an vielen Stellen Tipps und Hinweise, wie sich häufige Fehler vermeiden lassen.

Das Setting

Die Aufnahmesituation kann sehr unterschiedlich sein:

- **Aufzeichnung/Studio-Setting**
  Im „Studio"-Setting treffen Sie sich mit Ihren Experten und Talkgästen in einem Aufnahmeraum und zeichnen Ihren Talk oder Ihr Interview auf. Das klingt am einfachsten, bedeutet aber einen hohen logistischen Aufwand, wenn einzelne Protagonisten nicht vor Ort sind und anreisen müssen. Das Studio kann ein akustisch optimierter Raum in Ihrem Unternehmen oder ein professionelles Tonstudio sein. Der Vorteil ist, dass Sie eine erprobte und getestete technische Umgebung zur Verfügung stellen und sich dann vor Ort mit Ihren Gesprächspartnern ganz auf die Inhalte konzentrieren können.

- **Schaltgespräch/Remote-Recording**
  Bei Corporate Podcasts gibt es aber immer häufiger das Wunschszenario, die Aufnahme in Form eines Schaltgesprächs, wie es im professionellen Broadcast heißt, aus der Ferne zu machen. Und genau dafür gibt es mittlerweile eine ganze Reihe sehr gut funktionierender, cloudbasierter Softwarelösungen. Im Kapitel „Empfohlenes Equipment" finden Sie entsprechende Anbieter.

  Der spezifische Vorteil von Remote-Recording liegt auf der Hand: Selbst im hektischen Geschäftsalltag ist es für Ihre Gäste und Protagonisten einfacher, sich für die Podcast-Aufnahme einzuloggen, als eventuell für eine Präsenzaufnahme anreisen zu müssen. Ein solches Szenario setzt allerdings einen rechtzeitigen Test der Technik voraus, denn die möglichen Gründe für technische Probleme sind vielfältig. Selbst die einfachsten Probleme, wie z. B. die Einstellung der Audiogeräte an den PCs oder Notebooks der entfernten Teilnehmer, können kurz vor der Aufzeichnung zu einer Herausforderung werden. Außerdem müssen Sie sicherstellen, dass alle Teilnehmer über eine geeignete Mikrofonausstattung verfügen.

In der Praxis gehen wir hier meist so vor, dass wir den Experten ein kleines Rundum-Sorglos-Paket mit Mikrofon und Kopfhörer leihweise zur Verfügung stellen. Kombiniert mit einem kurzen Techniktest und einem Vorgespräch in den Tagen vor der eigentlichen Aufnahme ist das eine bewährte Vorgehensweise, die auch Ihre Gäste entlastet. Denn nur die wenigsten verfügen über eine wirklich geeignete Audioausrüstung.

▸ **Hybridlösung**
Ein ideales, fortgeschrittenes Szenario ist eine Hybridlösung mit einer dedizierten Regie. Diese bietet die Möglichkeit, auch bei einer Präsenzaufzeichnung einzelne Gäste aus der Ferne zuzuschalten. Der „Regisseur" muss nicht vor Ort sein. Das kann auch ein erfahrener Mitarbeiter eines Podcast-Produktions-Dienstleisters sein.

Sie sehen, die heutige Technik sorgt für die nötigeFlexibilität. Entscheidend bei der Aufnahme ist vielmehr, dass Sie für jede Stimme eine eigene Tonspur verwenden – dazu gleich mehr – und dass Sie Ihre Episode möglichst am Stück aufnehmen. Unterbrechungen und Wiederholungen machen die nächsten Produktionsschritte, Schnitt und Mastering, deutlich aufwendiger.

VIDEO:
Die Unterschiede zwischen einem Studio- und einem Remote-Setup.

Der Ton

Die Lautstärke

Ganz wichtig bei Ihrer Aufnahme ist die Lautstärke, da Ihre Zuhörer meist Kopfhörer verwenden. Eine übersteuerte Aufnahme kann schnell sehr unangenehm werden. Im Idealfall orientieren Sie sich an den Industriestandards kommerzieller Podcast-Produktionen. Hier hat man sich darauf geeinigt, dass ein Podcast mit einem Lautheitswert von -16 LUFS gemastert werden sollte.

Viele Audiobearbeitungsprogramme bieten voreingestellte Exporte für die Podcast-Erstellung an, die dann automatisch diesen Werten entsprechen. Trotzdem kann es nicht schaden, die Zusammenhänge zu verstehen. Denn der Lautheitswert ist nicht zu verwechseln mit dem absoluten Pegel Ihrer Aufnahme.

Die Broadcast-Welt, insbesondere das Fernsehen, hat sich längst auf das Lautheits-Prinzip geeinigt, mit dem Ziel, dass ihre Programme möglichst „gleich laut" empfunden werden. Denn natürlich wird es auch in Ihrem zukünftigen Podcast mal lautere und mal leisere Passagen geben.

An keiner Stelle soll der Ton verzerrt klingen, weil er übersteuert ist. Profis achten deshalb darauf, dass der maximale Aufnahmepegel zwischen -12db und -6db liegt. Noch wichtiger ist aber das gleichmäßige Hörempfinden beim Konsumenten, über eine längere Sendung hinweg und auch im direkten Vergleich mit anderen Programmen.

Übertragen auf Ihren Podcast bedeutet dies, dass ein Mastering auf eine Lautheit von -16 LUFS dazu führt, dass Ihre gesamte Episode mit dieser Lautstärke wahrgenommen wird – und damit auch einheitlich mit anderen professionellen Podcasts. Ihre Hörer, die regelmäßig Podcasts oder vielleicht sogar mehrere Formate hintereinander hören, sollen nicht unangenehm überrascht sein, dass Ihr Podcast deutlich lauter oder leiser klingt als andere. Wir sprechen also von einer Normalisierung.

Diese Normalisierung dient auch dazu, dass jede Ihrer Episoden gleich laut klingt – also eine einheitliche Durchschnittslautstärke. Sie selbst müssen sich bei der Aufnahme keine Gedanken darüber machen, die Normalisierung erfolgt dann beim Mastering oder Export. Hierfür gibt es dedizierte Tools, auch als Cloud-Lösung. Stellvertretend stelle ich Ihnen bei den Software-Tipps im vierten Kapitel die mächtige Lösung „Auphonic" vor.

Das „Einpegeln"

Bei der Aufnahme pegelt man seine Mikrofone so ein, dass die Aufnahme an der lautesten Stelle nie lauter als 0 dB ist. Dann erzeugt man eine Verzerrung oder ein Klirren. Im Fachjargon heißt das Clipping. Denn Sie nehmen eine digitale Datei auf, und die verzeiht keine Übersteuerung. Profis orientieren sich deshalb immer an einer Aufnahmelautstärke zwischen -12db und -6db.

Bitten Sie Ihre Talkgäste oder Mitstreiter am Mikrofon vor der Aufnahme einfach, bewusst sehr laut zu sprechen oder zu lachen, und achten Sie dann darauf, dass der Pegel die angegebenen Werte nicht überschreitet. Schon sind Sie richtig „eingepegelt". Das Vorgespräch eignet sich sehr gut dafür. Insbesondere beim Lachen können Sie die Stimmdynamik ihrer Gäste provozieren und damit später Übersteuerungen vermeiden. Nehmen Sie sich unbedingt die Zeit, denn übersteuerte Aufnahmen lassen sich später nicht mehr vollständig retten.

VIDEO:
Die Vorbereitung der Aufnahme und das richtige Einpegeln.

Die Tonspuren

Idealerweise nehmen Sie Ihren Podcast mehrspurig auf. Das bedeutet, dass Sie anschließend jeden Sprecher einzeln bearbeiten können. Besteht diese Möglichkeit nicht, ist das vorherige Einpegeln umso wichtiger.

Achten Sie in diesem Fall unbedingt darauf, dass alle Protagonisten auf einen ähnlichen Aufnahmepegel angeglichen werden. Und glauben Sie mir, es kommt oft vor, dass Sie einen Gast mit einer zarten oder schüchternen Stimme in derselben Sendung haben wie einen Gast mit einer kräftigen Stimme.

Wenn Sie eine Mehrspuraufnahme machen, können Sie diese später anpassen und normalisieren. Nimmt man nur auf einer Spur auf, rettet ein vorheriges, sorgfältiges Aussteuern die Aufnahme. In einem professionellen Ton- oder Rundfunkstudio nimmt man sich dafür aus gutem Grund Zeit.

VIDEO:
Die Mehrspuraufnahme und was es dabei zu beachten gilt.

Die Akustik

Damit Ihre Podcast-Aufnahmen in professioneller Qualität gelingen und Sie Ihre Hörerinnen und Hörer begeistern können, kommt es auf viele Faktoren an, auch auf die akustischen Rahmenbedingungen. Diese sind, glauben Sie mir, noch viel wichtiger als die eingesetzte Hard- und Software – oder zumindest genauso wichtig – und werden oft vernachlässigt.

Geht man von den Hörgewohnheiten aus, ist alles unangenehm, was vom Hören des Podcasts und der Stimmen ablenkt: ein dumpfer Ton wie aus einem Blumentopf, ein sehr halliger Klang wie aus einer Kathedrale, Stör- und Nebengeräusche, und natürlich Atmen und „Schmatzer".

Lässt man einmal alle Möglichkeiten der Nachbearbeitung in der Postproduktion beiseite, so steuern Sie Ihren Sound und einen professionellen Klang über die Wahl der räumlichen Wahrnehmungseigenschaften und der Empfindlichkeit Ihres Mikrofons sowie über die akustischen Details Ihres Aufnahmeraums.

Orientieren Sie sich am Klang über Kopfhörer – Podcasts werden selten wie eine Radiosendung über Lautsprecher gehört. Außerdem sind Kopfhörer die kritischere Messlatte. Was direkt am Ohr gut klingt, wird im Zweifelsfall auch über die Lautsprecher des Autoradios oder am Computer gut klingen. Umgekehrt gilt das nicht.

Je besser Sie die akustischen Zusammenhänge verstehen und berücksichtigen, desto sauberer wird Ihre Aufnahme und desto weniger aufwendige Nachbearbeitung ist nötig.

Im nächsten Kapitel gebe ich Tipps zu empfehlenswertem Equipment. Ein paar hersteller- und produktunabhängige Details möchte ich hier aber schon vorwegnehmen, weil sie für das akustische Gesamtbild wichtig sind.

Das Mikrofon

Das Herz eines jeden Mikrofons ist seine Kapsel und deren Charakteristik. Je offener diese ist, desto mehr Raumanteil bekommt der Klang. Und das wollen Sie bei Ihrem Podcast in der Regel vermeiden. Es sei denn, Sie sind „on location" und die Hörer sollen miterleben, wo Sie sich gerade befinden. Für einen Podcast empfehlen sich daher Broadcast-Mikrofone mit einer starken Fokussierung auf den Sprecher.

Der nächste Faktor ist die Empfindlichkeit des Mikrofons, die oft mit der Mikrofonkategorie zusammenhängt. Großmembran-Kondensatormikrofone sind das Nonplusultra für Gesangsaufnahmen im professionellen Studio oder für professionelle Sprecher, die damit auch sehr gut mit dem Klang ihrer Stimme spielen können. Allerdings sind Kondensatormikrofone sehr empfindlich und können Atemgeräusche, Schmatzgeräusche und Umgebungsgeräusche unangenehm verstärken. Dynamische Mikrofone sind besser geeignet.

Ein dynamisches Broadcast-Mikrofon mit enger Nieren- oder Richtwirkung lässt Ihre Stimme zwar nicht wie die von Whitney Houston klingen, dafür aber eher wie die eines Radiomoderators, und erspart Ihnen viele böse Überraschungen in der Postproduktion.

Das Mikrofon reagiert auf Schallwellen, die gerne im Raum reflektiert werden. Profis versuchen alles, um einen möglichst „trockenen" Klang zu erreichen, und fügen lieber nachträglich etwas Raumakustik hinzu als umgekehrt. Denn Nachhall lässt sich im Nachhinein nur sehr schwer reduzieren.

Im Spagat zwischen dumpfem Klang („Blumentopf") und unangenehm halligem Klang („Kathedrale") gibt es verschiedene Maßnahmen, mit denen Sie jeden Raum klanglich verbessern können – auch ohne hohe Investitionskosten:

▶ Achten Sie darauf und coachen Sie die Gäste Ihres Podcasts, dass jeder Protagonist immer in die Richtung seines Mikrofons schaut und möglichst den gleichen Abstand zum Mikrofon einhält. Sie werden erstaunt sein, welche akustischen Welten sich ergeben, wenn man sich zurücklehnt oder nach vorne beugt, zur Decke oder zum Boden schaut oder den Kopf zur Seite dreht. Platzieren Sie daher alle Teilnehmer und ihre Mikrofone so, dass die Sprechposition während der gesamten Zeit möglichst konstant bleibt.

▶ Je weiter Ihr Mund vom Mikrofon entfernt ist, desto mehr Rauminformation erhält Ihre Aufnahme. Wer zu nah dran ist und keine geübte Sprechtechnik hat, riskiert

Zischlaute, Ploppgeräusche oder Übersteuerungen. Professionelle Radiomoderatoren sind hier Vorbild und immer „nah dran". Experimentieren Sie mit Probeaufnahmen und Sie werden feststellen, dass ein und derselbe Raum ganz anders klingen kann. Dasselbe gilt für die Stimme. Gerade zarte Stimmen gewinnen an Brillanz, wenn man nah am Mikrofon ist!

Im Kapitel zu den Equipmentempfehlungen stelle ich Ihnen auch einen sogenannten „Ploppschutz" vor, einen verstellbaren Schutzfilter, der in vielen Studios vor dem Mikrofon angebracht ist. Für dynamische Broadcast-Mikrofone ist er eigentlich nicht notwendig. Studioprofis nutzen diese Filter aber gerne als kleine Hilfe für ihre Gäste. Beim Einpegeln oder im Vorgespräch wird er auf den optimalen Abstand zum Mikrofon – meist 10 bis 15 Zentimeter – eingestellt und der Podcast-Gast hat eine Orientierung. Das wirkt Wunder!

Das „Studio"

Wenn Sie in der luxuriösen Situation sind, ein Podcast-Studio in Ihrem Unternehmen einrichten zu können, stehen Ihnen natürlich mehr Möglichkeiten zur Verfügung, als wenn Sie einen Büro- oder Besprechungsraum nur temporär als „Studio" nutzen können. In diesem Fall kommen vorzugsweise mobile Akustikelemente infrage.

Grundsätzlich gilt: Besenkammern sind ebenso problematisch wie der große Besprechungsraum. Hohe Decken sind ebenso ein Problem wie fehlender Teppichboden und kahle Wände. Bestenfalls suchen und finden Sie einen kleinen bis mittelgroßen Bibliotheksraum mit Möbeln, Teppichboden und Bücherregalen oder Bildern an der Wand. Vielleicht sogar mit einem Vorhang vor dem Fenster.

Das ist natürlich kein typischer Büroraum, und Sie müssen selbst Hand anlegen, um die Akustik Schritt für Schritt zu verbessern. Wenn das Facility Management Ihres Unternehmens Sie dabei unterstützt, können Sie schon mit einer Investition von wenigen Hundert Euro viel erreichen! Vergessen Sie die vielen Angebote im Internet mit Schaumstoffelementen, die an die Wand geklebt wie ein Studio aussehen sollen. Auch ein Akustikschirm hinter dem Mikrofon sieht gut aus, bringt aber nicht viel.

Klangverbesserer

Bei hohen Decken ist eine Abhängung vorzusehen. Das muss keine vom Architekten geplante Decke sein, es reicht auch ein Akustikelement, das an vier Drähten von der Decke abgehängt wird. Wenn Straßenlärm ein Problem darstellt, kann ein unauffälliger Vorhang aus Theaterstoff (Molton) helfen. Nicht anstelle der vorhandenen Bürojalousien, sondern raumseitig davor. Zur Seite gezogen stört er dann bei normaler Raumnutzung nicht.

Wenn Ihr Raum keinen Teppichboden hat, investieren Sie in einen dickeren Teppich. Designteppiche, die zu Ihrer Büroeinrichtung passen, gibt es schon sehr preiswert. Und wenn Sie kahle Wände haben, besorgen Sie sich sogenannte Akustikbilder. Auch echte Kunst hilft. Aber farbige Akustikbilder sind modern und stilvoll und stören niemanden. Bei einigen Anbietern können Sie diese Akustikbilder sogar bedrucken lassen.

Sie werden überrascht sein, wie sehr sich die Akustik und der Klang schon durch diese kleinen Maßnahmen verbessern.

Die letzte Maßnahme sind mobile Akustik-Trennwände, denn gerade Bürowände sind oft sehr dünn und wollen die Stimmen der Kolleginnen und Kollegen aus den Nachbarräumen nicht schlucken. Anders als die bisher beschriebenen Klangverbesserer werden diese Trennwände aber nicht vor Wände, Fenster oder Türen gestellt, sondern hinter die sprechenden Protagonisten Ihres Podcasts. Anders als in der Werbung für allerlei Hobbylösungen behauptet, beeinflussen sie die Akustik am deutlichsten, indem die Akustikelemente nicht hinter dem Mikrofon, sondern hinter dem Sprecher, also in Mikrofonrichtung, platziert werden.

Diese bezahlbaren, professionellen Akustikwände, die leicht zu transportieren und nach Gebrauch wieder zu verstauen sind, bestehen aus mehreren Spezialschichten wie Glasfaser und Textil. Sie wirken als Absorber für die Schallwellen, die sich im Raum ausbreiten, und verhindern das sogenannte „Übersprechen", das bei Aufnahmen mit mehreren Sprechern und Mikrofonen auftreten kann.

Zum Schluss noch ein wichtiger Hinweis:

Vermeiden Sie bitte alles, was während der Aufnahme Geräusche verursachen könnte: Stühle sollten auf dem Teppichboden stehen. Gläser am besten auf Filzuntersetzern. Vermeiden Sie Papiermanuskripte und Stifte oder legen Sie diese ebenfalls auf eine Filzunterlage. Die ansonsten unvermeidlichen Störgeräusche lassen sich leider nur aufwendig oder gar nicht entfernen.

VIDEO:
Akustische Zusammenhänge und empfohlene Maßnahmen einfach erklärt.

AUDIO:
Wichtige Akustik-Grundlagen hören und verstehen. Hör-Beispiele aus der Praxis.

Exkurs: Warum Tonqualität so wichtig ist!

Die Grundlagen für eine Podcast-Produktion in hoher Aufnahmequalität haben Sie bereits kennengelernt. Dennoch höre ich in Beratungen und Workshops immer wieder die Frage, ob es wirklich wichtig sei, einen professionellen Sound anzustreben. Schließlich gebe es endlose Podcasts mit, vorsichtig ausgedrückt, sehr bescheidenem Klang. Nicht nur von Amateuren, sondern auch von TV-Comedians, Sportlern, Coaching-Gurus und anderen Prominenten.

Die kurze Antwort lautet: Ja, es ist wichtig! Denn Sie planen und produzieren einen *Corporate* Podcast. Ihr Podcast steht für Ihr Unternehmen. Auch wenn Ihre Zielgruppe kein Problem damit hat, Podcasts von Helden und Idolen zu hören, die wie aus dem Blumentopf oder der Besenkammer klingen, beeinflusst die Produktionsqualität Ihres Podcasts bewusst oder unbewusst die Wahrnehmung und das Image Ihres Unternehmens.

Wenn Sie zum Beispiel Hightech-Medizingeräte herstellen, zu denen Ärzte und Patienten großes Vertrauen haben, dann erwarten die Menschen auch professionelle Videos, Fotos und Podcasts. Das gilt genauso für Banken, Versicherungen, Anwaltskanzleien und Unternehmensberatungen. Klar. Aber drehen wir den Spieß einmal um und fragen uns: Bei welchem Unternehmen finden Sie es cool, charmant, menschlich oder sonst wie attraktiv, wenn der Ton im Podcast verzerrt, übersteuert, dumpf oder hallig ist?

Zugegeben, darüber lässt sich streiten. Und auch Marketingprofis haben bei Videos plötzlich den nicht ganz perfekten Look von halbverwackelten Smartphone-Aufnahmen für sich entdeckt. Das soll hautnah und authentisch wirken. Aber Videos sind keine Podcasts. Wir können beim Betrachten besser über Fehler hinwegsehen, weil wir – anders als im Kino – nicht vollständig in die Welt der bewegten Bilder eintauchen.

Das Hören eines Podcasts über Kopfhörer ist aber vergleichbar mit dem Betrachten eines Videos über eine geschlossene VR-Brille. Spätestens dann wird die vermeintlich sympathische Unvollkommenheit schnell anstrengend.

Es geht nicht um Perfektion, damit Ihr Podcast unbedingt so klingt, als wäre er mit riesigem Budget und Aufwand im größten und teuersten Studio produziert worden. Sondern es geht um die Hörerinnen und Hörer. Es geht darum, dass Ihre wertvollen Inhalte eine treue und begeisterte Zuhörerschaft finden und sich Ihr Aufwand lohnt – für ein erfolgreiches Storytelling Ihres Unternehmens.

Kommen wir nun zu der langen Antwort, warum es wichtig ist, sich um einen sauberen Ton und eine gute Aufnahmequalität zu bemühen:

Einer der faszinierendsten Aspekte des Hörens über Kopfhörer ist die physische Nähe des Tons zum Gehirn. Verglichen mit dem Hören über Lautsprecher, bei dem die Schallwellen durch den Raum reisen müssen, bieten Kopfhörer eine fast direkte Verbindung zum auditorischen System. Dies führt zu einer Art „kognitivem Kurzschluss", bei dem das Gehirn die Informationen schneller und intensiver verarbeitet.

Man könnte argumentieren, dass dieser Effekt das Zuhören zu einer intensiveren kognitiven Aktivität macht, vergleichbar mit dem Lesen eines anspruchsvollen Buches oder der Analyse eines komplexen Problems. Diese Nähe zum Gehirn macht das Podcast-Erlebnis nicht nur intensiver, sondern auch einprägsamer.

Das typische Hören von Podcasts über Kopfhörer oder Earbuds bietet daher eine intime Klanglandschaft, die den Hörerinnen und Hörern das Gefühl gibt, den Protagonisten direkt gegenüber zu sitzen. Diese Nähe ermöglicht es,

Nuancen und Details viel deutlicher wahrzunehmen als über Lautsprecher. Selbst leises Atmen oder das Rascheln von Papier werden hörbar. Dieser Detailreichtum fesselt den Zuhörer und hält seine Aufmerksamkeit über einen längeren Zeitraum wach. Gerade komplexe Informationen werden besser aufgenommen.

Die Intimität und der Detailreichtum haben aber auch ihren Preis. Fehler in der Aufnahmequalität wie Übersteuerungen, Verzerrungen und Störgeräusche werden deutlicher wahrgenommen und können störend oder gar irritierend wirken. Auf diese Weise kann eine schlechte Audioqualität das Hörerlebnis erheblich beeinträchtigen und die Botschaft des Podcasts verwässern.

Eine dumpfe oder hallige Aufnahme kann zudem mehr oder weniger bewusst den Eindruck erwecken, dass der Podcast in einem unprofessionellen Umfeld produziert wurde. Damit wird der assoziierte Wert im Kopf des Hörers gemindert, was besonders im Business-Bereich problematisch ist. Wir alle wissen, wie wichtig Glaubwürdigkeit und Professionalität in der Kommunikation unserer Unternehmen sind.

Daraus erklärt sich die Notwendigkeit, die Aufnahmequalität des eigenen Podcasts im Fokus zu behalten. Und ein positives, motivierendes Fazit zu ziehen: Ist die Aufnahmequalität Ihres Podcasts hoch, werden Ihre Zuhörer Ihren Inhalten intensiver folgen und mehr Informationen und Botschaften aufnehmen – frei von Ablenkungen und Irritationen.

AUDIO:
Die Hörerinnen und Hörer mit gutem Sound fesseln: die Basis für erfolgreiches Storytelling.

Die Nachbearbeitung, das „Mastering"

Die hohe Kunst der Podcast-Produktion ist die vollständige Aufzeichnung „live on tape". Dieser Begriff aus der Broadcast-Welt beschreibt, dass eine Sendung zwar nicht live ausgestrahlt, aber auch nicht nachbearbeitet wird. Die Aufnahme erfolgt wie die spätere Veröffentlichung. Das erfordert Erfahrung und mehr Aufwand bei der Aufnahme, erspart aber Schnitt und Postproduktion.

Die meisten Podcaster, auch Corporate Podcaster, sind keine Radio- oder Fernsehprofis und schaffen es nicht, die „perfekte", veröffentlichungsreife Episode in einem Stück aufzunehmen. Sie können es versuchen, besonders wenn Sie einen Tontechniker im Team haben, aber das sollte nicht Ihr Maßstab sein.

Sie werden Ihre Aufnahmen also wahrscheinlich schneiden und kleine Fehler oder Versprecher herausschneiden wollen. Und tatsächlich spricht auch aus professioneller Sicht vieles für eine Nachbearbeitung.

Ihr Zwischenergebnis ist nun idealerweise eine spannende Podcast-Episode, die in Form einer oder mehrerer Tonspuren vorliegt und im nächsten Schritt geschnitten und bearbeitet wird.

Warum mehrere Tonspuren? Es lässt es sich trotz gleicher Technik und sorgfältigem Einpegeln nicht vermeiden, dass jeder Protagonist seine eigene Lautstärkedynamik hat. Beim Podcast passt man die Lautstärke der Sprecher in Ruhe in der Postproduktion an. Außerdem lassen sich hier Störgeräusche, extreme Atemgeräusche und auch verlegene „Ähs" entfernen. Und im Schnitt können Sie auch unerwünschte Passagen und Sprechpausen entfernen. Sie werden überrascht sein, wie einfach es ist, die Spritzigkeit und den Hörgenuss einer Episode mit ein wenig Nachbearbeitung zu verbessern. Das ist schwierig, wenn alle Stimmen auf einer Spur übereinander liegen.

Im Live-Radio wird dafür aufwendige Hardware eingesetzt, sogenannte Channel-Strip-Mikrofonvorverstärker mit Kompressoren. Sie können mit Filtern, Equalizern und speziellen Plug-ins Ihrer Audiosoftware ebenfalls Stimmen anpassen, laute Zischlaute herausfiltern oder die Raumakustik optimieren. Alle Hard- und Softwareempfehlungen sowie Anwendungstipps finden Sie im Equipment-Teil. In vielen Audiobearbeitungs-Programmen finden Sie auch eine große Sammlung von Effekten. Setzen Sie diese aber bitte sehr zurückhaltend ein. Profis gehen immer Schritt für Schritt vor und verwenden so wenige Effekte und Filter wie möglich.

An dieser Stelle möchte ich noch einmal auf die technische Zielcharakteristik Ihrer Podcast-Episode eingehen. Achten Sie auch beim Mastering darauf, dass die einzelnen Spuren, aber auch die Audiosumme nie in die Nähe von 0 dB kommen oder gar übersteuert werden.

Eine sinnvolle Funktion, die eigentlich jede Audiosoftware an Bord hat, ist das Normalisieren des Aufnahmepegels auf einen Zielwert. Oder das Erhöhen oder Verringern der Dynamik, also der Lautstärkeschwankungen. Das geschieht in db-Werten und hat zunächst nichts mit der späteren Lautheitsanpassung zu tun.

Auch hier orientiert man sich entweder an -12db oder -6db. Je geringer die Dynamik, desto näher kommt man dem typischen Radio-Sound. Das ist bei Podcasts aber nicht das Ziel, denn Dynamik zieht Ihre Hörerinnen und Hörer in den Bann und macht Ihren Podcast atmosphärisch spannender. Experimentieren Sie also vorsichtig mit diesen Effekten und machen Sie sich Notizen.

Im Idealfall definieren Sie Ihren ganz speziellen Sound, den Sie in den nächsten Episoden genauso wiedergeben möchten. Dabei spielen auch die verwendeten Mikrofone eine wichtige Rolle. In den folgenden Kapiteln erfahren Sie mehr über Mikrofontechnik und die Unterschiede zwischen Kondensator- und dynamischen Mikrofonen.

Auf jeden Fall sollten Sie Ihr fertiges Projekt abspeichern. Auch bei der Audiobearbeitung sammelt sich nach einigen Stunden etwas „Betriebstaubheit" an. Wenn Sie die Möglichkeit haben, gönnen Sie sich etwas Abstand. Hören Sie sich Ihre gemasterte Episode auf verschiedenen Geräten an und machen Sie am nächsten Tag mit ausgeruhten Ohren den letzten Feinschliff.

VIDEO:
Der Schnitt, die akustische Bereinigung und Normalisierung der Aufnahme.

Nachdem Sie Ihre Episode geschnitten und die Lautstärke angepasst haben, fügen Sie im zweiten Schritt ein Podcast-Intro und ein Podcast-Outro hinzu – am Anfang und am Ende Ihrer Episode. Dieser akustische Wiedererkennungswert ist in der Regel für jede Episode gleich und soll die Hörerinnen und Hörer neugierig machen.

In den meisten Fällen sind Intros und Outros bei Unternehmens-Podcasts nur wenige Sekunden lang, da die Einführung in das Thema der jeweiligen Episode entscheidend ist. Dennoch hat insbesondere das Intro eine ähnliche Bedeutung wie der Titel oder der Vorspann bei Filmen und Serien. Und bei treuen Hörern dient es der Wiedererkennung und dem sofortigen Wohlfühlen.

Ist die gesamte Episode inklusive Intro und Outro in der Audiosoftware fertiggestellt, folgt ein letzter Schritt, der für ein professionelles Ergebnis unerlässlich ist, aber bei vielen Podcasts vernachlässigt wird: Nicht nur die Angleichung der absoluten, maximalen Lautstärken der einzelnen Sprecher im Podcast spielt eine Rolle, sondern auch die als harmonisch empfundene Durchschnittslautstärke der gesamten Episode – die im Kapitel „Ton" bereits angesprochene Lautheit.

Wie in der Broadcast-Welt hat sich auch die professionelle Podcast-Industrie auf einen Lautheitsstandard geeinigt. Und es macht Sinn, dass auch Sie sich mit Ihrem Corporate Podcast daran orientieren. Lassen Sie daher beim Export Ihrer Audiodatei Ihre Audiosoftware die gesamte Episode auf den gewünschten Lautheitswert normalisieren. Immer mehr Softwarelösungen bieten diese Möglichkeit. Zudem gibt es entsprechende Tools in der Cloud, und auch einige Podcast-Hoster bieten diesen Service an.

MP3-Datei erstellen

Eine fertige Podcast-Episode liegt in der Regel im MP3-Format vor. Beim Mastering erzeugen Sie mit Ihrer Software eine MP3-Datei mit einer Abtastrate von 44,1 kHz und einer Bitrate zwischen 192 und 256 kBit/s. Die Abtastrate entspricht dem Industriestandard für Audio-CDs oder Musikdateien. Die Bitrate steuert die Bandbreite der Audiodatei; ein höherer Wert verspricht mehr Details. Da Ihr Podcast hauptsächlich Sprache enthält, ist die angegebene Bandbreite mehr als ausreichend.

Ihr Ziel ist es nun, eine MP3-Datei zu erstellen, die den eingangs genannten Spezifikationen entspricht und die richtige Lautstärke hat. Da MP3 ein komprimiertes Format ist, sollten Sie unbedingt auch eine unkomprimierte WAV-Datei Ihrer Episode exportieren. Diese ist zwar viel größer und wird später nicht verwendet, kann aber hilfreich sein, wenn Sie weitere Softwareunterstützung benötigen.

Wenn Ihre Audiosoftware nicht in der Lage ist, eine Datei mit -16 LUFS zu exportieren, erzeugen Sie zunächst eine WAV-Datei. Das komprimierte MP3-Format sollte immer der letzte Schritt sein. Sie müssen dann eine andere Software oder einen Online-Dienst verwenden, um die richtige Lautstärke zu erreichen. Und dafür benötigen Sie die qualitativ hochwertigste Ausgangsdatei, das WAV-Format.

Lassen Sie sich von den tontechnischen Details nicht abschrecken. Es gibt Software in allen Preisklassen, die speziell Sie als Podcaster schnell und einfach ans Ziel bringt. Trotzdem sollten Sie die Begriffe kennen und die Zusammenhänge verstehen, damit Sie nicht völlig der Automatik Ihrer Software ausgeliefert sind.

Glauben Sie mir, auch Sie werden deutlich bessere Ergebnisse erzielen und mehr kreativen Spaß bei der Podcast-Produktion haben, wenn Sie an den beschriebenen Stellschrauben selbst Hand anlegen. Dazu muss man nicht gleich zum Toningenieur werden. Auch wenn dieser mit Erfahrung und einem geschulten Gehör auf keinen Fall unterschätzt werden sollte. Ein erfahrener Tontechniker ist jeder Automatik überlegen. Und Sie werden es auch sein – am Ende der Lektüre dieser Anleitung.

AUDIO:
Hörbeispiele von der Rohaufnahme bis hin zur fertigen Masterdatei.

DOKUMENT:
Alle technischen Spezifikationen für Aufnahme und Mastering Ihres Podcasts. Das Dokument finden Sie zur Ansicht auch abgedruckt auf der nächsten Seite.

Sie haben nun die theoretische Vorgehensweise bei der Produktion Ihres Podcasts kennengelernt, von der Aufnahme über den Schnitt und das Mastering bis hin zur Lautheitsnormalisierung. Bewusst habe ich diese Einführung noch frei von technischen Spezifikationen und Details zur empfohlenen Ausrüstung gehalten. In dem folgenden Kapitel finden Sie alle notwendigen Detailinformationen und Empfehlungen zu Hard- und Software und deren Einstellungen. Und im multimedialen Begleitmaterial zeige ich Ihnen alles in der Praxis und gebe Ihnen auch Hörbeispiele.

Technische Spezifikationen für Aufnahme und Mastering Ihres Corporate Podcasts

Aufnahme

- **Empfohlen**: Mehrkanal-Aufnahme. Für jeden Protagonisten eine eigene Tonspur mit individuellem Pegel
- **Empfohlen**: Aufnahme und Bearbeitung im WAV-Format (16-bit/24-bit)
- **Wichtig**: Aufnahmepegel zwischen -12db und -6db
- **Wichtig**: Zumindest Moderatorin oder Moderator (ersatzweise Aufnahme-Techniker-/in); sollte hochwertige, geschlossene Kopfhörer bei der Aufnahme benutzen und auf Störgeräusche achten.
- **Mikrofone**: Bei Kondensator-Mikrofonen ist Phantomspeisung erforderlich. Bei dynamischen Mikrofonen ist die Phantomspeisung auszuschalten. Beim Einpegeln den Schwellwert nicht überschreiten, bei dem Eigenrauschen auftritt.

Schnitt & Mastering

- **Empfohlen**: Starke Atmer, Zisch-, Schnalz- und Ploppgeräusche entfernen, da diese für die Hörerinnen und Hörer unangenehm sind.
- **Empfohlen**: Typischerweise häufig auftretende Füllwörter wie „Äh" oder „Ähm" entfernen.
- **Empfohlen**: Störende Raumakustik (z.B. „Hall") mit geeigneten Werkzeugen (De-Reverb, Frequenzanpassungen) reduzieren.
- **Wichtig**: Den Pegel aller Spuren vereinheitlichen („normalisieren") auf -12db oder -6db. Dies gilt auch für eingefügte Intro- und Outro-Teaser oder weitere Geräusche und Musik.
- **Wichtig**: Vor dem Lautheits-Mastering die gesamte Episode auf harmonische Lautstärke der einzelnen Spuren kontrollieren.
- **Profi-Tipp**: Der Industriestandard für Podcast-Profis sieht als letzten Schritt eine Lautheits-Anpassung auf -16 LUFS vor.
- **Exportformat**: Die fertig gemasterte Episode wird im MP3-Format (16-bit, 44,1 Khz, mindestens 192 Kbps Datenrate) abgespeichert.

Empfohlenes Equipment

Vor einigen Jahren hat die Industrie den Amateur- und Prosumer-Markt entdeckt, und spätestens seit dem Podcast-Boom sowie dem Trend zu Online-Meetings und Livestreaming gibt es die ehemals professionelle Technik in allen erdenklichen Varianten und Preis- und Qualitätsstufen.

YouTube ist voll von Unboxing-Videos und Beiträgen echter oder selbsternannter Experten. Viele davon sind Gadget-Guys, also Technik-Freaks, nur wenige sind wirklich erfahrene Broadcaster, Tontechniker oder professionelle Podcast-Produzenten.

Die Frage nach dem richtigen Equipment und der besten Software wird in letzter Zeit durch den KI-Trend zusätzlich angeheizt. Künstliche Intelligenz, so wird vollmundig versprochen, nimmt einem alles ab und zaubert selbst aus den schlimmsten Aufnahmepannen noch sendefähiges Material. Das stimmt so nicht oder bestenfalls teilweise.

Viele Beratungskunden und Workshop-Teilnehmer sind zunächst enttäuscht, wenn ich diese Ausrüstungsempfehlungen in den Hintergrund stelle. Und nicht wenige haben schon vor dem ersten Grobkonzept für ihren Podcast stundenlang bei Amazon oder dem Tontechnik-Großversender Thomann Mikrofone und Recorder recherchiert. Ich bin selbst Technik-Fan und verstehe daher die Begeisterung.

Mein dringender Rat ist jedoch: Kaufen und bestellen Sie nichts, bevor Sie nicht genau wissen, wie Ihr Podcast aussehen soll und bevor Sie dieses Buch nicht bis zum Ende gelesen haben! Aber wenn Sie diesen Ratgeber bis hierhin chronologisch gelesen haben, sind wir genau am richtigen Punkt, um jetzt über konkrete Empfehlungen zur Podcast-Technik zu sprechen.

Noch vor wenigen Jahren hätte ich Ihnen auf den folgenden Seiten einen kompletten Marktüberblick geben können. Mittlerweile ist das Angebot an podcast-relevanter Technik so groß, dass ich Ihnen jeweils eine Reihe von Produktmodellen vorstellen werde, die sich in der Praxis bewährt haben – ohne dabei einzelne Hersteller zu bevorzugen.

Die Empfehlungen sollen Ihnen zunächst einen Überblick geben, was Sie benötigen, und dann jeweils anhand der Beispiele erläutern, auf welche Funktionen und Spezifikationen Sie achten sollten. Herstellerübergreifend. Hier profitieren wir auch vom multimedialen Begleitmaterial der GABAL-Whitebooks, denn Sie können meine Empfehlungen auch in der Praxis sehen und hören! Dies gilt insbesondere für die Zusammenhänge zwischen Mikrofonie und Raumakustik.

Bitte haben Sie Verständnis dafür, dass ich auf Empfehlungen für Smartphone-Zubehör verzichte, denn als Corporate Podcaster sollte man – trotz aller gegenteiligen Werbung – nicht mit dem Telefon produzieren. Es sei denn, es gibt gute Gründe dafür. Immer mehr Radiojournalisten nutzen diese Möglichkeit, um unterwegs flexibel zu sein. Das Smartphone ist dann nichts anderes als ein Ersatz für das Aufnahmegerät. Oder für den schnellen Schnitt eines Zuspielers für einen Sendebeitrag.

Eine komplette Podcast-Episode, womöglich noch mit mehreren Mikrofonen, auf dem Smartphone oder Tablet zu produzieren, ist aber nicht zu empfehlen und schränkt unnötig ein. Denn alles aus der folgenden Empfehlungsliste wird trotzdem benötigt; nur das Aufnahmegerät kann, wiederum mit vielen Adaptern, durch das Telefon oder Tablet ersetzt werden. Für tagesaktuelle Radio- oder TV-Beiträge haben Smartphones dagegen den Vorteil, dass mit einem kompakten Gerät das Material auch gleich an den Sender übertragen oder sogar eine Live-Schaltung initiiert werden kann. Beides ist für Podcasts jedoch selten relevant.

Studio-Impressionen: Kondensator-Mikrofon (Foto: artis/Uli Deck)

Hardware

Die folgende Hardware-Liste enthält alle notwendigen und empfohlenen Komponenten für eine Podcast-Produktion. In den Produktbeispielen finden Sie auch Lösungen, die mehrere dieser Komponenten enthalten. Das kann praktisch sein und minimiert Aufwand und Fehlerquellen.

Audio-Rekorder

Hier empfehle ich solche mit 16/24bit-Auflösung und 48/96Khz-Samplingrate, WAV-Format, idealerweise Mehrspuraufnahme. Alternativ können auch Computer, Smartphones oder Mischpulte mit Aufnahmefunktion verwendet werden.

Produkt-Tipps:

- Zoom PodTrak P4
- Tascam Portacapture X8
- Zoom H6
- Zoom F6

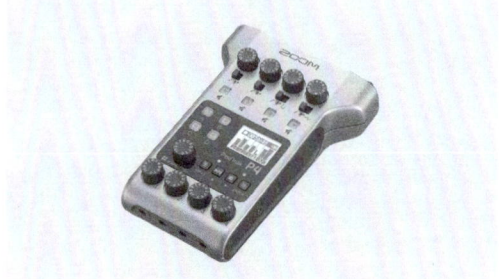

Zoom PodTrak P4 (©Zoom Corporation)

VIDEO:
Audio-Rekorder – die wichtigsten Spezifikationen und Funktionen für Podcaster erklärt.

Audio-Interface

Idealerweise mit mehreren XLR-Mikrofonanschlüssen und zuschaltbarem 48V-Phantomstrom, als Digitalschnittstelle zum Computer.

Einige führende Hersteller bieten auch USB-Varianten ihrer Mikrofone an, die direkt an den Computer angeschlossen werden können. Dies empfiehlt sich vor allem für Solo-Sprecher. Der Computer fungiert dann als Rekorder und die Computersoftware übernimmt auch die Pegelkontrolle und einige Funktionen eines Audio-Interface oder Mischpults.

Produkt-Tipps:

- SSL 12
- Elgato Wave XLR
- Steinberg UR44C
- Behringer UMC404HD

SSL 12 (© Solid State Logic)

VIDEO:
Audio-Interfaces – wie sie funktionieren und worauf Sie beim Kauf achten sollten.

Mischpult

Idealerweise mit mehreren Kanälen, 16/24bit Auflösung und 48/96Khz Samplingrate und einem Digitalausgang für den Audio-Rekorder oder eine bidirektionale, mehrkanalfähige USB-Schnittstelle zum Computer.

Beliebt sind auch Standalone-Mischpulte, die zusätzlich zum integrierten Audio-Interface über einen eigenen Audio-Recorder mit Speicherkarten verfügen. Auch hier ist darauf zu achten, dass unkomprimierte WAV-Aufnahmen mit mehreren Spuren möglich sind.

Produkt-Tipps:

- RODE RodeCaster Pro / Pro II
- Mackie DLZ Creator
- Zoom PodTrak P8
- TASCAM MIXCAST 4

RODE Rodecaster Pro II (© RODE Microphones)

VIDEO:
Mischpulte – im praktischen Podcast-Einsatz erklärt. Features, Setup und Einstellungen.

Dynamisches Broadcast-Mikrofon mit XLR-Anschluss

Alternativ Kondensator-Großmembran-Mikrofon, das 48V-Phantomstrom von Interface, Rekorder oder Mischpult benötigt.

Immer mehr Mikrofone werden auch als USB- oder Hybridvariante (XLR und USB) angeboten. Der XLR-Anschluss ist nach wie vor der Produktionsstandard, insbesondere für Mehrspuraufnahmen. Wenn Sie jedoch die Flexibilität haben möchten, auch mal allein hochwertige Aufnahmen direkt mit dem PC zu machen, dann empfiehlt sich die Hybridvariante. Reine USB-Mikrofone eignen sich nur für Solo-Podcaster. Für einen Corporate Podcast schränken Sie sich damit unnötig ein. Für Remote-Gäste sind sie aber eine tolle Lösung.

Produkt-Tipps:

- Shure SM7B (SM7dB) / MV7
- RODE PodMic / PodMic USB
- RODE NT1-A / NT1 5th Generation
- RODE NT-USB(+) / NT-USB Mini

Shure SM7B (© Shure Europe)

VIDEO:
Mikrofone – die unterschiedlichen Mikrofon-Typen und ihre Vor- und Nachteile verstehen.

AUDIO:
Mikrofone – die Unterschiede in der Praxis hören. Demo-Aufnahmen aus dem Studio.

Dynamische Mikrofone mit niedrigem Ausgangspegel

Hier kann ein Mikrofonverstärker hilfreich sein, der am XLR-Ausgang des Mikrofons angebracht wird und dann mittels der Phantomspeisung des Rekorders, Interface oder Mischpults für eine rauscharme Signalverstärkung sorgt.

Produkt-Tipps:

- TritonAudio FetHead
- Thomann FetAmp

TritonAudio FetHead (© TritonAudio)

VIDEO:
Kompakte Mikrofonvorverstärker erklärt: Funktionsweise und Nutzen.

Mikrofon-Tisch-Stativ

oder Mikrofonarm, Pop-Schutz-Filter, XLR-Mikrofonkabel, USB-Kabel, Speicherkarten für Audio-Rekorder.

VIDEO:
Ein Blick in den Studio-Fundus: wichtiges und nützliches Equipment.

Geschlossener Studio-Kopfhörer

Je nach Güte des Kopfhörerverstärkers eignen sich Kopfhörer mit 80-250 Ohm. Mehr dazu im Begleitvideo. Gerade bei längeren Podcast-Aufnahmen ist ein bequemer Sitz wichtig. Beliebt sind Kopfhörer mit Velours-Ohrpolstern. Niedrigohmige Varianten sind flexibler für den Einsatz an diversen Kopfhöreranschlüssen. Achten Sie auf ein langes Kabel, möglichst mit Adapter für sowohl 3,5mm Miniklinke wie auch 6,3mm Klinkenanschluss.

Produkt-Tipps:

- beyerdynamic DT-770 Pro
- AKG K-240
- Sony MDR-7506 Professional
- Superlux HD-681

beyerdynamic DT-770 Pro (© beyerdynamic GmbH & Co. KG)

VIDEO:
Kopfhörer ist nicht gleich Kopfhörer. Worauf es bei Aufnahme und Bearbeitung ankommt.

Akustik-Material

Abhängig von dem akustischen Optimierungs-Bedarf Ihres Aufnahmeraums empfehlen sich Akustik-Wandbilder oder akustische Trennwände (Absorber).

Produkt-Tipps:

- Clearsonic S2466x2 Sorber
- t.akustik AP 180-2
- Vicoustic Flexi Wall
- Hofa Acoustic Curtain
- t.akustik PET Ceiling Absorber

Clearsonic S2466x2 Sorber (© ClearSonic Mfg., Inc)

VIDEO:
So verbessern Sie die Akustik Ihres geplanten Aufnahmeraums mit mobilen Elementen.

Für den Transport

Schutztasche oder Transportkoffer, wenn Sie das Equipment häufiger transportieren oder geschützt lagern wollen.

VIDEO:
Wie der Schutz Ihres Equipments, stationär und beim Transport gelingt.

Computer

Als Computer – sei es für Aufnahme oder auch für die Postproduktion – eignen sich alle Mac oder PC-Systeme, als Desktop oder Notebook. Besondere Anforderungen für die Prozessorleistung (wie beim Videoschnitt) gibt es nicht. Wichtiger sind die Schnittstellen, die gerade bei Apple MacBooks rar sind.

Bitte achten Sie darauf, dass Sie mindestens über einen freien USB 3.0/3.1 (oder Thunderbolt 3) verfügen. Einige der empfindlichen Audio-Interfaces arbeiten nicht einwandfrei über USB-Hubs. Im Zweifel testen Sie das Audio-Interface immer direkt an einem nativen USB-Port des PC/Mac. Dies gilt insbesondere auch für Mac-Systeme mit dem Apple-eigenen M-Prozessor.

VIDEO:
Welcher PC oder Mac ist der richtige für das Podcasting? Wertvolle Praxis-Tipps.

Abhör-Lautsprecher

Profis benutzen aktive Nahfeld-Monitore, als Ergänzung für den Schnitt- & Mastering-Arbeitsplatz. Während der Aufnahme und zumindest für die Endabnahme Ihrer Podcast-Episoden sind zwar die zuvor bereits erwähnten Kopfhörer die erste Wahl. Während der Nachbearbeitung und für ein Anhören des Podcasts mit mehreren Team-Mitgliedern können Studio-Monitore sehr praktisch sein.

Nahfeld-Monitore zeichnen sich durch einen trockenen neutralen Klang aus und verzichten auf eine Bass-Betonung, wie sie bei vielen Monitoren für den Consumer-Markt, Gamer und Home Entertainment zu finden ist. Achten Sie bitte auf die Anschlüsse. Idealerweise haben Sie sowohl einen digitalen als auch einen analogen Eingang und auch einen Kopfhörerausgang. Aktiv-Lautsprecher benötigen einen Stromanschluss.

Eine Digitalverbindung mit Ihrem PC/Mac bietet Ihnen die höchste Störungsfreiheit und beste Klangqualität. Denn die analogen Ausgänge der PC-Soundkarten oder Notebooks haben leider sehr unterschiedliche Qualität.

Produkt-Tipps:

- PreSonus Eris E4.5
- KRK Rokit RP7 RoKit Classic
- Behringer B2031A Truth

PreSonus Eris E4.5 (© PreSonus Audio Electronics, Inc.)

VIDEO:
Was einen Studio-Monitor auszeichnet, warum das wichtig ist und welche Anschlüsse es braucht.

Software

Audio DAW

Alle gängigen Audio DAW-Softwarelösungen (Digital Audio Workstation) eignen sich für den Podcast-Schnitt und das Mastering, ebenso für die gängigen Videoschnittlösungen. Da Podcaster aber einen eigenen Workflow haben und sich diese Prozesse doch deutlich von der Musikproduktion unterscheiden, bieten einige Hersteller spezielle Podcast-Editionen an. Dort fehlen dann die nicht benötigten Funktionalitäten, und eine angepasste Benutzeroberfläche adressiert speziell die Podcast-Produktion.

Profi-Tontechniker bevorzugen die etablierten DAW-Vollversionen und legen sich ihre eigenen Workflow-Skins und Makros an.

Die Software kann mehrere Aufgaben übernehmen:

Zeichnen Sie Ihre Podcast direkt am Computer auf, dann fungiert die Software als Audio-Rekorder. Entweder mit einer oder mehreren Spuren.

Benutzen Sie dagegen einen Standalone-Rekorder oder die in vielen Mischpulten integrierte Aufnahmefunktion, dann importieren Sie anschließend die Audio-Datei in Ihre DAW-Software zur weiteren Bearbeitung.

Die Software bietet eine Vielzahl bewährter Werkzeuge, um einzelne Spuren zu schneiden, Pegel zu normalisieren und Störgeräusche zu entfernen. Mit speziellen Filtern können Sie unerwünschte akustische Rauminformationen wie Hall reduzieren oder mit dem Equalizer den Klang von Stimmen anpassen. Natürlich lassen sich auch unerwünschte Atem- oder Zisch- und Ploppgeräusche entfernen oder abschwächen.

Es gibt auch automatische Funktionen, deren Wirksamkeit oder Genauigkeit Sie aber unbedingt vorher in einem Testprojekt ausprobieren sollten. Wie in den vorangegangenen Kapiteln erwähnt, sollte bereits bei der Aufnahme auf eine möglichst saubere Tonqualität geachtet werden. Die Nachbearbeitung kann keine Wunder vollbringen und ist mitunter sehr zeitaufwendig. Nachbearbeitung und Schnitt sind aber in jedem Fall sinnvoll, um den Podcast zu straffen und die Gesprächsdynamik zu erhöhen. Denn das Entfernen von Pausen, Wiederholungen und „Ähs" und „Mhs" erhöht den Hörgenuss für Ihre Zuhörer drastisch. Insbesondere Zischgeräusche und Schnalzer oder Schmatzer können sehr unangenehm sein.

Zu guter Letzt können einige DAW-Systeme auch das Mastering übernehmen und bieten eine Lautstärkeregelung an. So können Sie Ihre Episode direkt in den für Podcasts erforderlichen Spezifikationen exportieren.

DAW-Software ist in der Regel fest auf Ihrem PC oder Mac installiert und keine Cloud-Anwendung.

Produkt-Tipps:

- Avid Pro Tools Intro / Artist
- Apple GarageBand / Logic Pro
- Steinberg WaveLab Cast
- Audacity
- Adobe Audition
- NCH MixPad Multitrack

Avid Pro Tools Artist (© Avid Technology, Inc.)

VIDEO:
Audio DAW für Podcast-Recording, Schnitt und Mastering. Ein Überblick.

Ausgewählte Plug-ins

Für besondere Nachbearbeitungsaufgaben in der Postproduktion gibt es eine breite Auswahl an Plug-ins.

Gängige DAW-Systeme verfügen über standardisierte Plug-in-Schnittstellen, um bei Bedarf bestimmte Tools hinzuzufügen. Für Podcast-Produzenten bieten sich hier insbesondere ein Vocal-Channel-Strip und ein DeReverb-Plug-in an.

Der Vocal-Channel-Strip bildet die entsprechende Hardware im Sendestudio nach und erlaubt es, mit einem Plug-in alle wichtigen Einstellungen rund um die Stimme vorzunehmen. Diese Einstellungen lassen sich mit den Namen der Podcast-Protagonisten abspeichern und optimieren die jeweiligen Aufnahmen in Zukunft wie von Geisterhand. Die Investition in ein solches Plug-in lohnt sich, denn es bündelt viele relevante Funktionen und Plug-ins.

Ein DeReverb-Plug-in verspricht Ihnen, heute natürlich mit künstlicher Intelligenz, Ihre Aufnahme zu analysieren und unerwünschte Rauminformationen feinjustiert oder vollautomatisch zu entfernen. Im Idealfall klingen Ihre Aufnahmen aus einem sehr großen, leeren Raum dann nicht mehr wie in einer Kathedrale.

Wenn man es übertreibt, hat man wieder den dumpfen Blumentopfeffekt. Ein solches Plug-in lohnt sich als eine Art „Erste-Hilfe-Kasten" für den Notfall. Profis gehen den umgekehrten Weg: Sie achten sehr auf die Akustik und streben eine sehr trockene Aufnahme an. Und in der Nachbearbeitung wird mit einem genau gegenteiligen Werkzeug, dem Reverb-Plug-in ganz dezent wieder „Raum" hinzugefügt.

Produkt-Tipps:

- SSL Vocalstrip 2
- Acon Digital DeVerberate 3

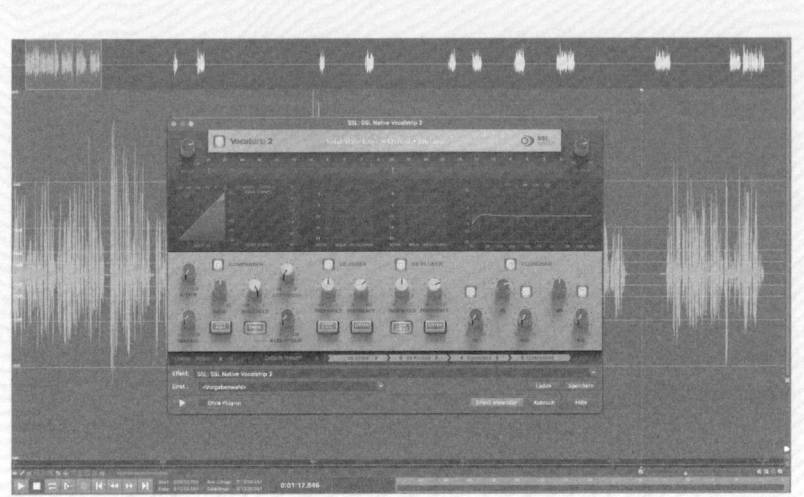

SSL Vocalstrip 2 (Screenshot)

VIDEO:
Die wichtigsten Audio-Plug-ins für Podcaster und wie man sie einsetzt.

AUDIO:
Hören Sie die Soundveränderung durch den Einsatz wichtiger Plug-ins.

Tools zur Lautheits-Normalisierung

Sollte Ihre Audio-Software keine Lautheits-Normalisierung anbieten, können Sie Ihre fertig geschnittene Episode auch als WAV-Datei aus der DAW abspeichern und anschließend in ein spezielles Mastering-Tool importieren.

Es gibt auch mehrere Cloud-Anbieter, sodass Sie keine zusätzliche Software kaufen müssen, sondern einfach ein Abonnement im Internet abschließen oder pro Minute bezahlen. Sie laden Ihre WAV-Datei hoch, wählen das Zielformat (MP3, 16/24bit, 48Khz, -16 LUFS Lautstärke) und starten den Prozess. Danach können Sie eine perfekt passende Datei herunterladen und für die Veröffentlichung verwenden.

Einige Podcast-Hoster haben diese Funktion bereits integriert; so sparen Sie viel Zeit und können Ihre fertig geschnittene Episode direkt auf den Hosting-Server hochladen und dort für die Veröffentlichung vorbereiten. Die Lautheits-Normalisierung erfolgt dann ebenfalls in diesem Prozess. Ein solcher Hoster ist Podigee.

Produkt-Tipp:

▶ Auphonic

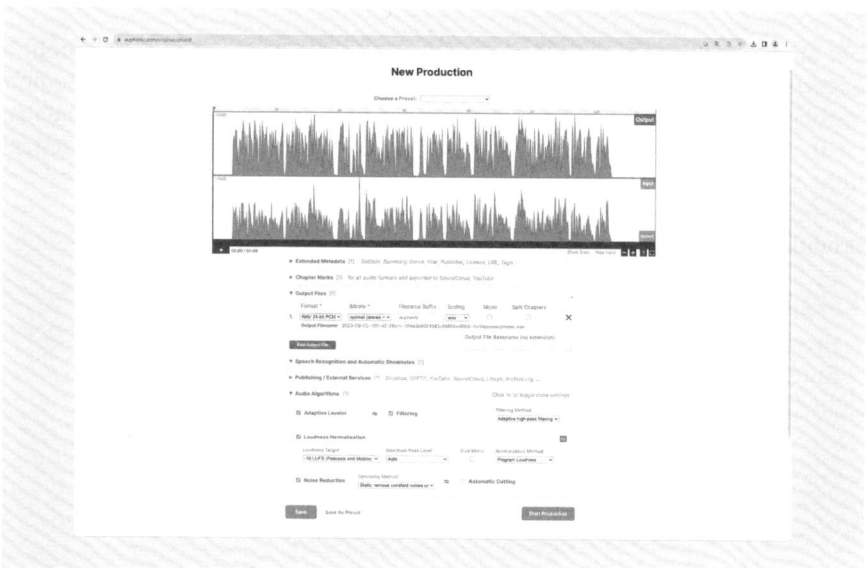

Auphonic (Screenshot)

AUDIO:
Auphonic AutoEQ, Filtering und Lautheits-Normalisierung im Einsatz anhören.

Tools für das Remote-Recording

Diese Tools stehen ebenfalls als Cloud-Lösung zur Verfügung. Für einen Corporate Podcast verbieten sich aus Qualitätsgründen Online-Meetings wie Zoom, Teams oder Skype, denn dort werden die Audiospuren regelmäßig stark komprimiert. Stattdessen empfehlen sich Lösungen, die sich an der Schalttechnik von Radio und Fernsehen orientieren.

Damit können Sie Podcast-Protagonisten an verschiedenen Standorten in bester Audioqualität zusammenschalten und für jeden Gast eine eigene unkomprimierte Tonspur aufnehmen. Optional kann auch ein Videobild eingesetzt werden, wenn dies der Gesprächsatmosphäre zuträglich ist.

Der Clou: Die Software erstellt zusätzlich eine lokale Backup-Datei. Sollten Ihre Experten oder Kollegen während der Aufzeichnung mit schwankenden Internetbandbreiten zu kämpfen haben, haben Sie trotzdem eine einwandfreie Aufnahme, die Ihnen automatisch nach der Aufzeichnung zugespielt wird. Flexibler und stressfreier geht es nicht!

Produkt-Tipps:

- Zencastr
- Riverside
- Studio-Link

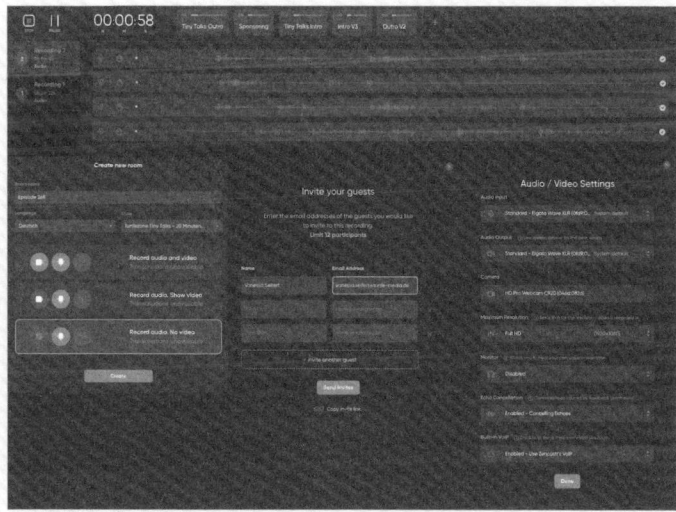

Zencastr (Screenshot)

VIDEO:
Live-Demo Remote-Recording. Technik-Prinzip und Einsatz erklärt.

Im nächsten Kapitel erfahren Sie Wissenswertes über die Veröffentlichung Ihres Podcasts über einen Podcast-RSS-Feed. Der fünfte und letzte Schritt beschäftigt sich außerdem mit dem Podcast-Hosting und der begleitenden Vermarktung.

Schritt 5: Veröffentlichung und begleitendes Marketing

Die Veröffentlichungs-Strategie

Ihr neuer Corporate Podcast braucht natürlich Sichtbarkeit in der Zielgruppe, und deshalb sollten auch die Planung der Veröffentlichung und eine begleitende Marketing- oder PR-Unterstützung feste und ausgearbeitete Bestandteile Ihres Podcast-Konzepts sein. Und zwar noch *bevor* Sie mit der konkreten Produktion und Aufnahme beginnen.

Auf den folgenden Seiten geht es zunächst um die Veröffentlichungsstrategie und bewährte Maßnahmen, damit Ihr neuer Podcast begeisterte Hörerinnen und Hörer findet. Im Anschluss gehe ich auf die Technik ein und erläutere den sogenannten RSS-Feed und die Veröffentlichung über Podcast-Plattformen.

Überlegungen im Vorfeld

Die überwiegende Mehrheit der Corporate Podcasts dient nicht dazu, ein völlig unbekanntes Unternehmen ins Rampenlicht zu rücken, sondern vielmehr dazu, eine bestehende Reichweite mit hochwertigen Inhalten zu bespielen und damit eine Expertenrolle und ein positives Image zu festigen. Das ist nicht in Stein gemeißelt, aber für die richtige Publikationsstrategie ist es wichtig, realistisch zu bleiben und sich im Vorfeld ehrliche Antworten auf folgende Fragen zu geben:

- Haben wir bereits einen Kundenstamm und eine etablierte Reichweite über andere Marketingkanäle wie Newsletter, Social Media oder unsere Website?
- Ist das Schwerpunktthema unseres geplanten Podcasts aktuell in der Öffentlichkeit präsent oder wollen wir als „Eisbrecher" ein neues Thema etablieren und ins Rampenlicht rücken?
- Haben Wettbewerber oder wichtige Experten unserer Branche bereits einen thematisch ähnlichen Podcast gestartet?
- Handelt es sich bei unserer Zielgruppe um eine eher geschlossene Gesellschaft? Zum Beispiel um Aktionäre, autorisierte Vertriebspartner oder die eigenen Mitarbeiter?

Es ist bereits angeklungen, dass ich davon abrate, mit einem Unternehmens-Podcast eine breite und inhomogene Hörerschaft, also ganz unterschiedliche Zielgruppen, anzusprechen. Natürlich haben die wenigsten Unternehmen oder Institutionen die

Ressourcen, für jede dedizierte Zielgruppe einen eigenen Podcast zu starten. Das heißt aber im Umkehrschluss nicht, dass man sein Konzept und redaktionelles Profil so aufweichen muss, dass der Podcast für möglichst viele Hörerinnen und Hörer interessant ist. Eine solche Strategie ist in der Regel zum Scheitern verurteilt.

MEIN TIPP. Haben Sie Mut zur Lücke! Gehen Sie strategisch und zielorientiert vor und sprechen Sie zunächst eine für Sie relevante Zielgruppe an, für die Sie auch klar definierte Ziele haben.

Ein gutes Beispiel sind HR-Podcasts, die bei der Rekrutierung helfen sollen und ein wirksames Instrument gegen den Fachkräftemangel sein können. Im Kampf um diese Talente kann man auch als kleineres Unternehmen punkten, wenn man potenzielle Bewerber mit Themen anspricht, die ihnen wichtig sind. Und diese Themen unterscheiden sich deutlich von den Interessen der Endkunden, Vertriebspartner oder Aktionäre.

Was hat es nun mit den oben gestellten Fragen auf sich? Ganz einfach, die Antworten auf diese Fragen haben entscheidenden Einfluss auf eine erfolgreiche Publikationsstrategie!

Je mehr Sie mit Ihrem Podcast ein bestehendes Trendthema besetzen wollen, in dem sich bereits Podcasts von Experten oder Wettbewerbern etabliert haben, und je weniger eigene Reichweite Sie mitbringen, desto mehr werden Sie den Wunsch verspüren, von den Millionen Abonnenten von Spotify, Apple Podcast, Google Podcast oder auch RTL+ zu profitieren – und natürlich auch die Hörerinnen und Hörer verwandter Podcasts für sich zu gewinnen.

Ein verständlicher Wunsch, der aber oft an der Realität scheitert. Je nachdem, ob man sich im B2C- oder B2B-Bereich bewegt und in welcher Branche man tätig ist, wird man auf den führenden Plattformen keine passende Kategorie finden. Und selbst in der Kategorie „Business", die nicht einmal alle Plattformen anbieten, tummeln sich Börsen-Podcasts neben unzähligen Erfolgs-Coaches und Business-Gurus.

Zudem funktionieren Podcasts in der Regel nicht wie die Videoplattform YouTube oder die TV-Mediatheken, bei denen die Zuschauerinnen und Zuschauer ständig neue Inhalte empfohlen bekommen und von Sendung zu Sendung springen. Die großen Podcast-Plattformen vermitteln zwar mit Kategorien und Charts den Eindruck, dass man stöbern und nach seiner Podcast-Perle suchen kann. Das ist aber nur bedingt der Fall. Die Hörerinnen und Hörer zappen nicht auf dem Sofa nach Unterhaltungsangeboten, sondern wollen in bestimmten Situationen, z. B. beim

Sport oder auf dem Weg zur Arbeit, neue Folgen interessanter Podcasts hören, die sie meist vorher abonniert und einer Playlist hinzugefügt haben.

Teilweise werden diese Favoriten auch automatisch heruntergeladen, um sie später auch ohne Internetverbindung anhören zu können. Ein Live-Streaming steht nicht im Vordergrund. Ihr Publikum nimmt sich die Zeit, den Podcast zu hören, öffnet den Podcast-Player auf dem gewünschten Gerät und findet dort die Hinweise auf neue Folgen der Podcast-Favoriten. Für Sie heißt das: Sie wollen Favorit werden, in die Playlist aufgenommen oder abonniert werden. Mit Charts hat das wenig zu tun. Auch das Episoden-Cover Ihres Podcasts muss und sollte nicht so reißerisch sein wie viele YouTube-Cover heutzutage.

Haben Sie hingegen bereits eine größere Reichweite und wollen diese mit Ihrem neuen Podcast mit hochwertigen und spannenden Inhalten versorgen, dann spielen Podcast-Plattformen wie Spotify für Sie eine noch geringere Rolle. Sie sind bestenfalls Ihr technischer Dienstleister für die Abonnentenverwaltung.

Sichtbar werden

In beiden Fällen werden Sie von den Hörerinnen und Hörer auf den Podcast-Plattformen selten „entdeckt". Es sei denn, Sie sind eine bekannte Weltmarke. Denn die Suchfunktionalität nach Themen und Stichwörtern ist bislang nicht die Stärke der Anbieter und wird auch nur von wenigen Anwendern genutzt. Das funktioniert für die Suche nach dem Podcast einer Marke oder eines Stars. Aber sie bringt Ihnen nicht die Besucher, die Sie aus dem Web von Suchmaschinen wie Google gewohnt sind.

Wenn potenzielle Interessenten Ihres Corporate Podcasts nach Ihren Themen oder auch nach Ihrem Podcast suchen, dann nutzen sie dafür auch Google oder Bing, aber nicht die Plattformoberfläche in den Apps von Spotify oder Apple Podcast. Diese Behauptung meinerseits ist nicht verallgemeinerbar und wird sicherlich von den Plattformbetreibern empört zurückgewiesen. Ich empfehle daher, schon während der Konzeptarbeit selbst auszuprobieren und vor allem mit Kolleginnen und Kollegen im Unternehmen zu sprechen, wie diese ihre Podcasts typischerweise finden und auswählen. Sie werden überrascht sein.

> **MEIN TIPP.** Nutzen Sie alle vorhandenen Marketingkanäle, von der Website über LinkedIn bis hin zum guten alten Newsletter, um Ihren neuen Podcast nicht nur initial vorzustellen, sondern auch jede einzelne Episode immer wieder zu bewerben.

Sorgen Sie also dafür, dass Ihr Podcast bei Google oder Bing gut gefunden wird. Jede einzelne Episode. Und nutzen Sie Ihr Listing bei den Podcast-Plattformen mit genau demselben Ziel. Wenn Sie für Spotify & Co. alles beschriftet und verschlagwortet haben und ein tolles Episodencover verwenden, dann erscheint das auch, und vor allem in der Websuche.

Es macht Sinn, die Kolleginnen und Kollegen, die für die Unternehmenswebsite verantwortlich sind, aber auch die Marketing-Kollegen aus dem Newsletter- oder Social-Media-Team rechtzeitig mit ins Boot zu holen. Wie bei allen Kommunikationsmaßnahmen ist es hilfreich, kanalübergreifend zu denken. Die Themen Ihres Podcasts können dankbare Zweitverwertungen finden.

Aber Vorsicht! Bitte widerstehen Sie der Versuchung, Ihre Podcast-Episoden – wie ein Video – nativ als MP3-Datei in Ihre Website einzubinden oder einfach allgemein auf „alle Podcast-Plattformen" zu verweisen.

Im folgenden Kapitel gehe ich ausführlich auf das Thema Podcast-Hosting und RSS-Feed ein. An dieser Stelle die Empfehlung: Bauen Sie auf Ihrer Website auch einen Feed-Reader ein. Das kann zum Beispiel ein Player Ihres Podcast-Hosters sein, den Sie mit einem kurzen Codeschnipsel an beliebiger Stelle auf Ihrer Webseite platzieren. Auch die Podcast-Plattformen bieten solche integrierbaren Player an.

Und wenn Sie auf Ihrer Website, in Social Media oder in Ihrem Newsletter auf Spotify & Co. verweisen, verwenden Sie bitte immer den Deep-Link zur jeweiligen Episode oder den sogenannten Show-Link. Nur so finden Ihre Hörerinnen und Hörer schnell und sicher den Weg zu Ihrem Podcast.

Auch die Feed-Adresse sollte auf der Website angegeben werden. Denn nicht wenige Podcast-Nutzerinnen und -Nutzer bevorzugen eigenständige Podcast-Player oder die mitgelieferten Player ihrer Smartphones. Mithilfe der Feed-Adresse ist der Podcast dann im Handumdrehen eingebunden.

Um Ihren neuen Podcast bekannt zu machen, reichen natürlich eine prominente Platzierung auf Ihrer Website oder Promo-Posts in Social Media nicht aus. Auch Ihre bestehende Reichweite lässt sich besser aktivieren, wenn Ihr Podcast eine privilegierte Rolle im Storytelling in Richtung Ihrer Zielgruppe erhält.

Einbindung Ihres Podcasts in Ihre Kommunikationsstrategie

Sie haben bereits eine etablierte Kommunikationshierarchie. Pressemitteilungen oder Ad-hoc-Meldungen bilden die Speerspitze, andere Kommunikationskanäle folgen, je nach Kommunikationsanlass. Betrachten Sie Ihren zukünftigen Podcast, als Gedankenspiel, nicht als nachgelagertes Medium zur weiteren Durchdringung von Themen. Betrachten Sie ihn idealerweise als originäres Primärmedium, als Anlass für Pressemitteilungen und lebendige Social-Media-Threads. Als Vorlage für Zweit- und Drittverwertungen auf anderen Kanälen.

Wie könnte das praktisch und realistisch aussehen?

Zum Beispiel, indem Sie einen tollen Expertenvortrag auf einer Veranstaltung oder Messe nicht erst im Nachhinein im Podcast nacherzählen, sondern diesen Vortrag zeitgleich mit einer Folge begleiten oder – noch besser – Ihren Podcast in die Pole-Position bringen. Oder indem Sie Ihre Podcast-Themenplanung so eng mit der Kommunikationsstrategie Ihres Unternehmens verknüpfen, dass Sie die Stärken des Mediums voll ausspielen können. Denn wo sonst kann Ihr Geschäftsführer oder Vorstand die Unternehmensstrategie so ausführlich erläutern? Wo sonst hören die Zuhörer so aufmerksam und intensiv zu, ohne die üblichen Ablenkungen?

Das Manuskript oder Transkript eines Podcasts kann zur Vorlage für viele weitere Inhalte werden. Und je besser Ihr Podcast positioniert ist, desto begeisterter werden auch beteiligte Experten und Mitarbeiter Inhalte posten und teilen. Auch die Produktion selbst, die Arbeit vor dem Mikrofon, ist ein guter Anlass für PR-Fotos, und Ausschnitte aus Ihrem Podcast eignen sich für Storys und Reels in Social Media. In jedem Fall ist es die beste Voraussetzung für eine Marketingunterstützung, wenn Ihr Podcast im besten Sinne einzigartig ist. Vermeiden Sie eine Art „Vertonung" längst vorhandener Marketingtexte und motivieren Sie die beteiligten Mitarbeiter und Experten zu zitierfähigen Aussagen, die originell, visionär und auch ein wenig mutig sind.

Und als letzter Tipp für dieses Kapitel:

Begeistern Sie möglichst viele Mitarbeiterinnen und Mitarbeiter für Ihren neuen Podcast und motivieren Sie sie, sich mit Ideen zu beteiligen. Wenn das ganze Unternehmen stolz auf das neue Medium ist, lösen sich viele Planungs- und Ressourcenprobleme von selbst. Seien Sie zuversichtlich! Sie haben meine Empfehlungen bis hierher berücksichtigt und sich ausreichend Zeit für ein überzeugendes Konzept und eine fundierte Redaktionsplanung genommen? Dann verwerfen Sie die Idee eines Silent Launch.

Gerade der Start eines neuen Corporate Podcasts ist ein Kommunikationsereignis. Trommeln Sie gemeinsam mit Ihren PR-Kolleginnen und -Kollegen dafür, dass Fach- und Branchenmagazine von Ihrem Podcast erfahren. Und nutzen Sie zusammen mit der Marketing-Abteilung jede Gelegenheit zur Promotion. Im Idealfall eignet sich jede einzelne Folge für eine umfangreiche Begleitkommunikation.

Jeder Messestand, jeder Auftritt auf Kongressen und Events, Ihre PowerPoint-Folien und E-Mail-Signaturen – all das und noch viel mehr sind kreative Werbeflächen für Ihren Podcast. Und motivieren Sie Ihre Hörerinnen und Hörer zum Abonnieren. Denn neben den aktiven Abrufen Ihrer Episoden entscheidet auch die Anzahl der Abonnements darüber, wie sichtbar Ihr Corporate Podcast auf den Plattformen ist.

VIDEO:
Veröffentlichungsstrategie für Corporate Podcasts.

AUDIO:
Begleitende Marketing- & PR-Arbeit sowie wertvolle Synergien.

Der Upload Ihres Podcasts

Ihre fertig gemasterte und gemäß den Vorgaben exportierte Episode stellen Sie nun auf einem Server zum RSS-Abruf bereit. Zahlreiche auf Podcast-Hosting spezialisierte Anbieter wie Podigee betreiben solche Server, generieren den RSS-Feed-Link und erleichtern Ihnen die Anmeldung und Bereitstellung bei den gängigen Podcast-Plattformen. Dazu später mehr.

Wichtig zu wissen ist, dass der Feed-Link wie eine Web-URL den Weg zu Ihrem Podcast weist. Jede Podcast-App kann mithilfe dieses Feeds die gesamte Historie mit allen Episoden, Beschreibungen und Vorschaubildern Ihres Podcasts anzeigen und dann auf Wunsch des Nutzers einzelne Episoden abspielen. Die Auslieferung erfolgt also „on demand". Sie erinnern sich: „Play on Demand Broadcast" steht hinter der Abkürzung „Podcast".

Der RSS-Feed

Wenn Sie nun eine der Podcast-Plattformen wie Spotify oder Apple Podcast besuchen, funktionieren diese zunächst wie ein umfangreicher, durchsuchbarer Katalog von Podcasts, der aus den Informationen dieses Feeds erstellt wurde. Zunächst müssen Sie also dafür sorgen, dass die gewünschten Plattformen Ihren Feed kennen und in ihren Katalog aufnehmen.

Auch wenn viele große Plattformen die Audiodateien der gelisteten Podcasts in der Regel auf ihren eigenen Servern vorhalten und Sie dort als Content Creator prinzipiell auch selbst neue Episoden hochladen können, hat es für Sie als Podcaster viele Vorteile, das Podcast-Hosting und die Distributionsplattformen getrennt zu betrachten. Denn die Idee und Funktionsweise des RSS-Feeds ist genial:

Angenommen, Sie nutzen den Hoster Podigee als Feed-Server für Ihren Podcast, dann können Sie dort nicht nur alle Beschreibungen und Metadaten pflegen, sondern auch zeitgesteuert neue Episoden zur Veröffentlichung anlegen. Das machen Sie nur dort, und die Dutzende von Podcast-Plattformen, die Ihren Feed-Link kennen und Ihren Podcast gelistet haben, werden automatisch über alle Änderungen informiert und listen dann kurz nach Veröffentlichung auch Ihre neueste Episode.

So weit, so gut – das erspart Ihnen zunächst einmal den Aufwand, diese Arbeitsschritte für jede gewünschte Plattform zu wiederholen. Richtig genial und praktisch wird es aber bei der Fehlerbehebung! Entdecken Sie einen Fehler in Ihrer Episodenbeschreibung oder den Shownotes, möchten Sie die Audiodatei nachträglich ändern oder kürzen oder ist Ihnen ein Fehler in der Zeitsteuerung unterlaufen?

Dank RSS machen Sie das alles nur einmal, und überall, wo Ihr Podcast abrufbar ist, finden die Hörerinnen und Hörer in kürzester Zeit Ihre neue, fehlerfreie Version.

Podcast-Hoster bieten Ihnen darüber hinaus Zugriffsstatistiken und weitere Services wie automatische Transkriptionen. Für Sie als Corporate Podcaster sind diese rudimentären Statistiken für den Anfang ausreichend, da es Ihnen eher auf einen positiven Trend als auf die genaue Anzahl der Hörerinnen und Hörer ankommt. Für professionelle Podcaster, die von Werbekunden pro Zugriff bezahlt werden, gibt es natürlich weitaus detailliertere Analysetools.

> **MEIN TIPP.** Widerstehen Sie der Versuchung, Ihre Episoden selbst bei den großen Plattformen hochzuladen. Suchen Sie sich einen geeigneten Podcast-Hoster und nutzen Sie einen zentralen RSS-Feed für das Listing bei den Plattformen und die Distribution. So haben Sie mit nur einem Zugang die Kontrolle darüber, wie Ihr Podcast überall erscheint.
> Viele Hoster unterstützen Sie auch beim initialen Listing auf den Plattformen. Und selbst wenn Sie Ihren Podcast selbst anmelden müssen, zum Beispiel bei TuneIn, ist das in wenigen Sekunden erledigt – indem Sie Ihren RSS-Feed in ein Eingabefeld eintragen.

Das Hosting

Ihre IT kann zwar einen RSS-fähigen Server für Sie aufsetzen, in der Praxis greifen aber kleine wie große Unternehmen, Amateure und Profis auf die Dienste der zahlreichen, etablierten Podcast-Hoster zurück. Warum ein Podcast-Hosting wichtig ist und welchen Vorteil es hat, neue Episoden per Feed bereitzustellen und nicht bei den einzelnen Plattformen manuell hochzuladen, habe ich bereits beschrieben.

Der Service der verschiedenen Podcast-Hoster ist im Kern identisch: die Bereitstellung eines RSS-Feeds für Ihren Corporate Podcast. Unterschiede bestehen in der Benutzerfreundlichkeit, den Funktionen zur Einbindung des Feeds auf Ihrer Website oder der Bereitstellung einer Art Mini-Mediathek und Zugriffsanalysen.

Einige Hoster bieten auch die bereits erwähnte Normalisierung der Lautheit Ihrer Audiodateien auf den Industriestandard -16 LUFS Lautheit und weitere Optimierungsalgorithmen an. Außerdem versuchen sich immer mehr Hoster an der Integration von Werbung. Für Sie als Corporate Podcaster ist das aber in der Regel uninteressant.

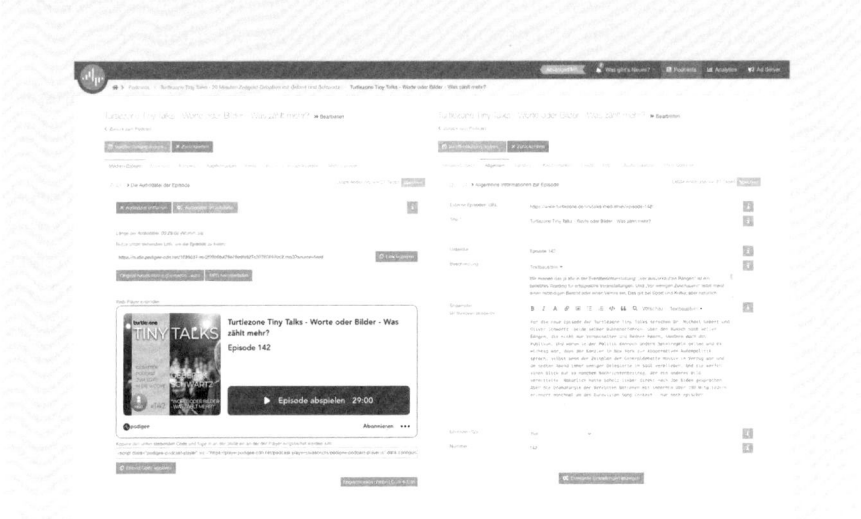

Podigee (Screenshot)

Bei den Tarifen sollten Sie beim Vergleichen darauf achten, ob Sie mehrere Podcast-Formate planen und ob es Begrenzungen für die Anzahl der Episoden, die Anzahl der Feed-Abrufe oder die monatlichen Audiominuten gibt. Solche Metriken können ein vermeintlich günstiges Hosting-Angebot schnell teuer machen. Ebenso die Unsitte, dass der Anbieter Ihren Podcast für Eigenwerbung nutzt und Sie dann für das Entfernen von Logos und Links extra bezahlen müssen.

Als Unternehmen oder Institution sollten Sie zudem auf den Serverstandort und die Einhaltung der Datenschutzrichtlinien achten. Dies ist bei einem Podcast-Feed zwar deutlich unkritischer, da zumindest keine Nutzerdaten für eine Registrierung erhoben werden, aber auch hier gibt es Fallstricke. Am sichersten sind Sie auf jeden Fall mit einem Dienstleister, der Ihren Podcast auf europäischen Servern hostet und auch den Feed von einem deutschen oder europäischen Server ausliefert.

Ein letztes Vergleichskriterium ist für Corporate Podcasts mit einer Art geschlossenem Auditorium interessant. Sie wollen Ihren Hörerinnen und Hörer einerseits ermöglichen, ihren bevorzugten Podcastplayer zu nutzen, die Auslieferung erfolgt per Feed, und andererseits wollen Sie trotzdem die Zugriffsberechtigungen verwalten? Auch das ist bei einigen Hostern möglich.

VIDEO:
So funktioniert Podcast-Hosting. Ein Blick auf die typischen Schritte der Veröffentlichung.

MEIN TIPP. Beginnen Sie Ihre Recherche mit dem Podcast-Hoster Podigee. Studieren Sie dessen Leistungen und Services sowie die Tarifstruktur und vergleichen Sie dann mit anderen Anbietern. Denn erfahrungsgemäß hat Podigee für die meisten Podcast-Projekte genau das richtige Angebot.

Produkt-Tipps:

- Podigee
- podcaster.de
- RSS.com

VIDEO:
Das Hosting, der RSS-Feed, Podcast-Plattformen und Podcast-Player

CHECKLISTE:
Produktionsbegleitende Checkliste zur Kontrolle aller Arbeitsschritte. Sie finden diese Liste zur Übersicht auch auf den nächsten Seiten.

Produktionsbegleitende Checkliste zur Kontrolle aller Arbeitsschritte

Episodenplanung und Gästemanagement

- ❐ Info-Paket für angefragte Protagonisten mit allen Facts zum Podcast
- ❐ Terminkoordination mit allen Protagonisten/Gästen/Experten
- ❐ Terminplan für Test, Aufzeichnung, Freigabe und Veröffentlichung
- ❐ Festlegung, ob gemeinsame Aufzeichnung, Remote- oder Hybrid-Recording
- ❐ Abfrage der technischen Voraussetzungen und vorhandenen Mikrofonie
- ❐ Rechtzeitige Ressourcenplanung für Schnitt, Mastering und Veröffentlichung
- ❐ Wenn notwendig, frühzeitige Raum-/„Studio"-Reservierung

Inhaltliche Vorbereitung

- ❐ Inhaltliche Episoden-Dramaturgie
- ❐ Fakten & Vita zur Vorstellung von Talkgästen
- ❐ Moderationskarten

Techniktest und Vorgespräch

- ❐ Briefing der Talkgäste
- ❐ Bei Remote-Aufnahmen Abstimmung der technischen Voraussetzungen
- ❐ Bei Bedarf Zusendung eines geeigneten Mikrofons
- ❐ Inhaltliches Vorgespräch als „Warm-Up"
- ❐ Technik-Test bei Remote-Aufnahmen

Aufnahme-Session

- ❐ Telefone und Smartphones stummschalten
- ❐ „Bitte nicht stören" – Studio-Ruhe sicherstellen
- ❐ Per Kopfhörer auf Störgeräusche wie Klimaanlagen überprüfen
- ❐ Warm-up, Stimmlockerung, ausreichend Wasser
- ❐ Rekorder-Funktion und ausreichenden Speicherplatz überprüfen

- ☐ Wenn vom Rekorder unterstützt, Mehrkanal-Aufnahme auswählen
- ☐ Als Aufnahme-Format WAV (16-bit/24-bit) wählen
- ☐ Jedes Mikrofon auf zwischen -12db und -6db einpegeln
- ☐ Bei Remote-Sessions mit Gästen den Mikrofoneingang auf ca. 75 % Pegel
- ☐ Bei Kondensator-Mikrofonen Phantomspeisung einschalten
- ☐ Bei dynamischen Mikrofonen Phantomspeisung abschalten
- ☐ Auf Eigenrauschen achten, ggf. Gain/Pegel reduzieren
- ☐ Aufzeichnung möglichst am Stück („live on tape")
- ☐ Zum Aufzeichnungsende unbedingt Aufnahme kontrollieren
- ☐ Manöverkritik und ggf. Wiederholen einzelner Passagen
- ☐ Sicherungskopien der Aufnahmedateien anlegen

Schnitt & Mastering

- ☐ Entfernung starker Atem-, Zisch-, Schnalz- und Ploppgeräusche
- ☐ Entfernung von Füllwörtern wie „Äh" oder „Ähm"
- ☐ Störende Raumakustik mittels De-Reverb oder Equalizer reduzieren
- ☐ Intro & Outro einfügen
- ☐ Eventuelle Atmo-Geräusche und Musik einfügen
- ☐ Pegel aller Spuren vereinheitlichen („normalisieren") auf -12db oder -6db
- ☐ Episode auf harmonische Lautstärke der einzelnen Spuren kontrollieren
- ☐ Lautheits-Anpassung auf -16 LUFS
- ☐ Export im MP3-Format (16-bit, 44,1 Khz, mindestens 192 Kbps Datenrate)

Veröffentlichung

- ☐ Rechtzeitige Freigabe der Episode
- ☐ Upload beim Podcast-Hoster
- ☐ Episoden-Titel, Beschreibung, Show-Notes, Keywords für den RSS-Podcast-Feed
- ☐ Artwork von Episoden-Cover und ggf. Social Teaser
- ☐ Veröffentlichungstermin festlegen (Zeitsteuerung)
- ☐ Überprüfung der Veröffentlichung auf allen relevanten Plattformen
- ☐ Motivieren der Protagonisten/Gäste zu Postings auf Social Media
- ☐ Nutzung der Episoden-Deeplinks der Plattformen für Marketing & PR
- ☐ Ggf. Einbau eines Episoden-Players auf der eigenen Webseite

Inspirationen aus der Praxis

Corporate Podcasts in der Praxis

Nach der Theorie folgen in diesem Kapitel Praxis-Beispiele und konkrete Einsatzszenarien für Corporate Podcasts in unterschiedlichen Branchen und Business-Bereichen. Los geht es mit vier inspirierenden Impulsen aus der Praxis!

> **MEIN TIPP.** Teilen und besprechen Sie diese Impulse mit Ihrem Team und nehmen Sie sich die Zeit zum Reinhören, bevor Sie einen eigenen Strategie-Workshop für Ihren Podcast durchführen. Und reflektieren Sie die zahlreichen Einsatz- und Branchenszenarien vor dem Hintergrund der gelernten fünf Strategie- und Umsetzungsschritte.

Lesen Sie auf den nächsten Seiten:

- Cannamedical Pharma GmbH
  „Let's Talk About Cannabis!": Ein Impuls von Patrick Piecha

- AUGENGOLD – Werkstatt für Kommunikation GmbH
  „MS & ich – der Nurse Podcast": Ein Impuls von Kim Zulauf

- Münchener Tierpark Hellabrunn AG
  „MiaSanTier!": Ein Impuls von Dennis Späth

- DATEV eG
  „Hörbar Steuern": Ein Impuls von Constanze Elter

- E.ON SE
  „Jetzt machen! Der Energiewende Podcast": Ein Impuls von Leif Erichsen

„Let's Talk About Cannabis!": Ein Impuls von Patrick Piecha

Sehr geehrte Leserinnen und Leser,

es ist mir eine große Freude, ein Vorwort für den umfangreichen Impuls-Teil dieses Buches meines Kommunikations-Kollegen Oliver Schwartz zu schreiben. Sein Buch über Corporate Podcasts ist ein wichtiger Beitrag zur Kommunikationslandschaft, insbesondere in der heutigen Zeit, in der Unternehmen verstärkt mit der Gesellschaft interagieren und ihre Sichtweise darstellen müssen. Als langjähriger Experte in den Bereichen Marketing und Kommunikation und als erfahrener Podcast-Produzent und -Moderator hat er ein tiefes Verständnis für die Bedeutung von Corporate Podcasts und wie sie die Unternehmenskommunikation verbessern können.

Als Beispiel für eine erfolgreiche Corporate-Podcast-Kampagne möchte ich unser eigenes Projekt „Let's Talk About Cannabis! Der Podcast zur Legalisierung" vorstellen. Der Podcast wurde von der Cannamedical Pharma GmbH ins Leben gerufen, um gezielt durch Aufklärung die Stigmatisierung von Cannabis in der Gesellschaft abzubauen. Hierfür sprechen wir mit Gästen aus Politik und Kultur, mit Betroffenen sowie mit Ärzt:innen und Gesprächspartner:innen aus allen gesellschaftlichen Bereichen, um möglichst viele Aspekte des Legalisierungsprozesses aus unterschiedlichen Perspektiven abzubilden. Unser Ziel war und ist es, einen gesellschaftlichen Beitrag zu leisten und unserer Verantwortung nachzukommen.

Die erste Staffel des Audio-Podcasts bestand aus sechs Folgen, in denen Gäste mit Fachexpertise eingeladen wurden. So waren bereits der Gesundheitspolitiker und Bundestagsabgeordnete Dirk Heidenblut, die Schmerzmedizinerin Britta Renzi und der Sänger Mateo Jaschik von Culcha Candela mit seiner Mutter Teresa zu Gast.

Um die redaktionelle Unabhängigkeit und Professionalität zu gewährleisten, wird der Podcast in Kooperation mit einer Podcast-Agentur produziert. Die Gespräche führt eine erfahrene Moderatorin. Ein fester Mitarbeiter aus meinem Team hat die operative Umsetzung und Koordination übernommen und arbeitet eng mit unseren Dienstleistern zusammen.

Seit dem Launch im Juni 2022 erfreut sich das Format großer Beliebtheit bei interessierten Bürger:innen, Cannabis-Patient:innen, ärztlichem und pharmazeutischem Personal sowie politischen Entscheidungsträger:innen. Eine beachtlich hohe Zahl an organischen Streams, zahlreiche Kommentare auf den Plattformen und in den sozialen Medien sowie viele eingereichte Fragen belegen eindrucksvoll den Erfolg der Kampagne.

Corporate Podcasts spielen in der heutigen Kommunikationslandschaft eine wichtige Rolle. Sie bieten Unternehmen die Möglichkeit, ihre Botschaften effektiv zu kommunizieren und ihre Zielgruppen gezielt und besonders intensiv anzusprechen. Vor diesem Hintergrund und aufgrund unserer eigenen, sehr positiven Erfahrungen möchte ich Sie in Ihren eigenen Podcast-Plänen bestärken. Ich bin davon überzeugt, dass das vorliegende Buch von Oliver Schwartz Sie wertvoll dabei unterstützen wird, erfolgreiche Corporate Podcasts zu entwickeln und Ihre Kommunikationsstrategien zu verbessern.

Ich wünsche Ihnen eine inspirierende Lektüre der folgenden Praxisbeispiele!

Patrick Piecha
Director Marketing & Communication
Cannamedical Pharma GmbH

Praxis-Beispiel: „Let's Talk About Cannabis!"

(© Cannamedical Pharma GmbH)

Das Podcast-Konzept:

„Ist die deutsche Gesellschaft bereit für die Legalisierung von Cannabis? Bisher war in Deutschland nur medizinisches Cannabis legal – das soll sich nun ändern. Aber was heißt das jetzt genau? Wie kann der Übergang von der Illegalität in die Legalität aussehen? Wie steht es um den Jugend- und Verbraucherschutz? Darf ich Cannabis zu Hause anbauen? Wie wird der Verkauf geregelt?

Wir sprechen mit Politikern im Zentrum der Macht, wie der Stand der Dinge ist und wie eine Umsetzung aussehen kann. Anschließend sprechen wir mit einem auf Cannabis spezialisierten Rechtsanwalt, der uns aus der Praxis berichtet, wie es sich mit Cannabis und Autofahren verhält. Wir sprechen mit einer Ärztin, die erklärt, warum Cannabis gegen Schmerzen helfen kann, zum Beispiel bei der Volkskrankheit Migräne. Natürlich treffen wir auch Kritiker und Gegner der Revolutionspflanze Hanf – denn auch sie sind spannende Gesprächspartnerinnen und Gesprächspartner auf unserem Weg aus der dunklen Ecke ins Rampenlicht. Wir sind der Podcast Deutschlands, der Cannabis in die Legalität begleitet."

Zum Podcast:
https://www.cannamedical.com/de/podcast/

„MS & ich – der Nurse Podcast": Ein Impuls von Kim Zulauf

Als Agentur für Patienten- und Angehörigenkommunikation unterstützen wir namhafte Pharmaunternehmen im modernen, patientenzentrierten Marketing und bei der Wissensvermittlung. Unser Fokus für zeitgemäße und zielgruppenorientierte Kommunikation ist es, möglichst nah dran zu sein am Patienten und an seinen Bedürfnissen. Dabei setzen wir auf Fachwissen gepaart mit emotionalen Aufhängern und kreativen Ideen. Diese setzen wir ganz klassisch in Print-, aber eben auch in digitalen Medien um.

Für unseren langjährigen Kunden Novartis haben wir eine Podcast-Strategie entwickelt und erfolgreich eine erste Staffel realisiert – in Zusammenarbeit mit einem spezialisierten Studio und einem erfahrenen, journalistischen Moderator. Die ersten Episoden des „MS & ich Nurse Podcast" sind fertiggestellt, eine Fortsetzung mit weiteren Staffeln ist bereits avisiert. Dieses Beispiel zeigt eine der vielen Möglichkeiten des Einsatzes von Corporate Podcasts auf und wird zur fokussierten und intensiven Ansprache einer dedizierten Zielgruppe genutzt.

Die Erkrankung Multiple Sklerose begleitet Patienten lebenslang, denn sie kann nicht geheilt werden. Daher zielen Therapien und Medikation darauf ab, den Fortschritt der Erkrankung zu verlangsamen und somit die Selbstständigkeit und Lebensqualität der Betroffenen so lange und so gut wie möglich zu erhalten. Die Betreuung dieser Patienten, immer mit dem Ziel, adhärenzfördernd zu agieren, fordert viel Fachwissen und Empathie von Ärzten und MS-Nurses.

Die MS-Nurse ist ein wichtiger Ansprechpartner für die Betroffenen und sie verbringt viel Zeit mit diesen – in der Beratung und bei Verlaufsuntersuchungen. Auch scheint die Hemmschwelle bei persönlichen Anliegen niedriger zu sein und so tauschen Betroffene viel Informationen mit den Nurses aus und sehen diese als erste Ansprechpartner in der Praxis. Eine enorme zeitliche Entlastung für die Ärzte.

MS-Patienten sind meist sehr gut über ihre Erkrankung informiert, und daher ist es wichtig, dass dies auch ihre Ansprechpartner in der Praxis sind. Die Fort- und Weiterbildung zu aktuellen Themen rund um die MS stärkt die Expertise der Ansprechpartnerinnen in der Praxis. Gepaart mit realistischem Erwartungsmanagement ist das ein tragendes Element in der erfolgreichen Begleitung der Betroffenen. Das Medium Podcast ist daher für unseren Kunden Novartis eine willkommene strategische Säule, um diese wichtige Zielgruppe, die MS-Nurses, wirksam und doch unterhaltsam zu adressieren. Die Patientenbetreuung und der eng getaktete Praxisalltag lassen wenig Spielraum zum Studium von Fachliteratur, die sich ohnehin primär an Ärztinnen und Ärzte richtet. In einer kurzweiligen Podcast-Episode von lediglich fünfzehn Minuten, die sich sowohl am Arbeitsplatz als auch auf dem Weg zur Arbeit oder zu Hause jederzeit flexibel anhören lässt, gelingt es, sehr viel wertvolles Wissen intensiv zu vermitteln.

In unserem Konzept übernimmt der Moderator nicht die Rolle des Wissenschaftsjournalisten, sondern agiert als Botschafter der Nurses. In Interviews mit Medizinern, Wissenschaftlern und Sozial-Experten beantworten wir die häufigsten, themenrelevanten Fragen von MS-Nurses und vermeiden abgehobene Fachgespräche. Zu unseren ersten Talkgästen gehörten zum Beispiel Prof. Dr. Herbert Schreiber oder Prof. Dr. Tobias Bopp, mit denen wir in jeder Episode Themenkomplexe wie Kognition, Fatigue oder Immunologie wunderbar verständlich vermitteln konnten.

Eine weitere Stärke von Podcasts sehen wir in der ungeteilten Aufmerksamkeit bei den Empfängerinnen und Empfängern unserer Kampagnen zur Wissensvermittlung. Kaum ein anderes Marketinginstrument kann in diesem Aspekt konkurrieren. Die bisherigen positiven Erfahrungen bestärken uns darin, das Werkzeug „Unternehmens-Podcast" häufiger in Kampagnen-Strategien zu berücksichtigen. Das aktuelle Projekt hat aber auch gezeigt, wie wertvoll eine professionelle Redaktionsplanung, eine podcastgerechte journalistische Aufbereitung und die Vorgespräche mit den eingeladenen Experten waren. Eine wichtige Rolle spielt auch die Moderation.

Das Zusammenspiel von uns als langjähriger, kompetenter Pharma-Kommunikationsagentur mit erfahrenen Podcast-Profis hat sich als richtige Entscheidung bewährt und auch unserem Kunden die Sicherheit gegeben, dass die einzelnen Episoden fachlich korrekt sowie ethisch und rechtlich konform sind, aber eben auch unterhaltsam und „gut verdaubar". Auch eine hohe Klangqualität und professionelle Postproduktion ist bei unseren namhaften Unternehmen als unabdingbar zu bezeichnen. Da ist kein Raum für qualitative Kompromisse, aber umso mehr Raum für frische, kreative Ideen.

Als Leserin oder Leser dieses umfassenden Ratgebers rund um Corporate Podcasts planen Sie sicherlich auch für Ihr Unternehmen oder Ihre Organisation ein Podcast-Projekt oder sind bereits mittendrin. Ich freue mich, wenn unser aktuelles Kunden-Projekt und dieses Impuls-Vorwort Sie weiter motiviert und in Ihren Plänen bestärkt! Auf die Ohren, fertig, los! Ich wünsche Ihnen viel Erfolg sowie wertvolle Erkenntnisse und Impulse!

Kim Zulauf

Geschäftsführerin
AUGENGOLD – Werkstatt für Kommunikation GmbH

Praxis-Beispiel: „MS & ich – der Nurse Podcast"

(© Novartis Pharma GmbH)

Das Podcast-Konzept:

„Aktuelles, Fokusthemen, Hintergrundinformationen, Einblicke und Meinungen rund um MS in spannenden Interviews mit Expert*innen, das bringt der MS & ich – Nurse Podcast auf den Punkt.

Als MS-Nurse sind Sie ein fester und wichtiger Teil im Leben Ihrer MS-Patient*innen. Für Betroffene und Angehörige sind Sie Begleitung und Anlaufstelle für eine Vielzahl an Fragen, die das Leben mit Multipler Sklerose betreffen. Sie kennen die Hintergründe zur Krankheit und können dabei unterstützen, Alltag und Therapie individuell zu verbinden. Mit Ihrem Wissen spielen Sie eine zentrale Rolle bei der Vermittlung zwischen Patient*innen, Ärzt*innen und Therapeut*innen.

Nutzen Sie den MS & ich – Nurse Podcast als Wissenspause mit hilfreichen Impulsen für die Praxis. Es erwarten Sie Themen wie Immunologie, Kognition und Fatigue sowie Erwartungsmanagement, Recht und Soziales."

Zum Podcast:
https://www.msundich.de/nurses/podcast

„MiaSanTier!": Ein Impuls von Dennis Späth

Der traditionsreiche Münchner Tierpark Hellabrunn wurde 1911 eröffnet und ist mit seinen über 500 Tierarten auf fast 40 Hektar Fläche einer der großen, international renommierten Zoos. Die jährlich rund zwei Millionen Gäste machen Hellabrunn zu einem der bedeutendsten Ausflugsziele in Deutschland. Hellabrunn ist zudem der erste Geozoo weltweit: Seit 1928 leben die Tiere hier nach Kontinenten geordnet. Ein Spaziergang durch Hellabrunn ähnelt einer Reise durch spannende Tierwelten vom Polar nach Afrika, von Europa nach Asien und von Amerika nach Australien. In natürlichen Lebensgemeinschaften bewohnen Hellabrunns Tiere, ganz wie in ihrem natürlichen Lebensraum, oftmals gemeinsam großzügige Außenanlagen und Tierhäuser. Rund 200 Mitarbeitende unterschiedlichster Berufs- und Tätigkeitsbilder sorgen tagtäglich dafür, dass es rundläuft im Tierpark und dieser seiner durchweg anerkannten Funktion als wissenschaftliches Kompetenzzentrum für Artenschutz, Umweltbildung und Tierbeobachtung gerecht wird.

Diese vielfältigen Kombinationen aus faszinierenden, oftmals bedrohten Tierarten, wissenschaftlichen Aspekten sowie den Aufgabenbereichen und Berufsbildern eines großen Zoos wie Hellabrunn – im Spannungsfeld von Tierbedürfnissen, Besuchererwartungen, aber auch unternehmerischer Anforderungen – bieten ein nahezu unerschöpfliches Füllhorn an Themen und Facetten, die kommuniziert werden wollen und müssen. Diese Verpflichtung ergibt sich vor allem aus dem umfassenden Bildungsauftrag eines wissenschaftlich geführten Zoos, der relevantes und gesichertes Wissen an eine breite Zielgruppe auf unterschiedlichen Kanälen zu vermitteln hat. Zugleich muss die Kommunikation zu Tier- und Zoothemen natürlich ansprechend, zeitgemäß und authentisch aufgebaut sein, um die unterschiedlichen Interessenten und Altersstufen regelmäßig zu erreichen und damit letztendlich zum Tierparkbesuch und zum nachhaltigen Handeln zu bewegen. Das ist zunächst erst mal ein „Luxusproblem" hinsichtlich Content-Sourcing und Storytelling, ohne hier allzu sehr dem üblichen Marketing-Denglisch verfallen zu wollen.

Vor diesem Hintergrund haben wir 2019 im Team Unternehmenskommunikation bewertet, welche Methode, welcher Kanal in der Klaviatur unserer klassischen und digitalen Kommunikationstools noch fehlt bzw. welche weiteren kreativen und technischen Perspektiven über die Grenzen des Tierparks und der Metropole Münchens hinaus erschlossen werden können. In diesem Zusammenhang war uns sehr schnell klar, dass im Hinblick auf Kosten, Flexibilität und den Aufbau nennenswerter Reichweite nur digitale Formate infrage kommen, deren Inhalte und Publikationsfrequenz wir selbst bestimmen können. Das Thema „Audio" war offensichtlich, und in logischer Konsequenz kamen wir auf den bereits seit 2015 (wieder) im

Aufwind befindlichen Kanal „Podcast", der durch den zunehmenden Erfolg bekannter Streaming-Plattformen wie Spotify & Co. eine unvergleichliche Renaissance erfuhr.

Zeitgleich bekamen wir idealerweise auch externe Impulse von erfahrenen Podcast-Redakteuren, die bereits Audio-Projekte für den Rundfunk erfolgreich umgesetzt hatten. Diese Podcast-Experten hatten sich dabei auf Audioformate für Kinder konzentriert, sehr gute Erfahrungen gesammelt und nach ersten Kontaktaufnahmen das Feuer für einen eigenen Zoo-Podcast in uns allen noch mal mehr entfacht. Ein besonderer Reiz ging in der Vorbereitungsphase von der verlockenden Perspektive aus, die erste zoologische Einrichtung im deutschsprachigen Raum zu sein, die das Medium Podcast aus eigener Regie und als eigenen Kanal initiiert, aufbaut und erfolgreich etabliert.

Zunächst ging es darum, beim Projekt Zoo-Podcast „Fleisch auf die Knochen" zu bekommen und die wichtigsten Parameter des neuen Kanals abzustecken, also die folgenden Fragen zu beantworten:

▸ Was wollen wir unseren (zukünftigen) Zuhörern erzählen, welche Storys von wem erzählen lassen?

▸ Wen definieren wir als unsere Hörer-(Kern-)Zielgruppe? Machen wir den Podcast für Kinder, Jugendliche oder Erwachsene? Oder versuchen wir, einen Ansatz für alle Tierpark-Fans mit großer Altersbandbreite zu machen, also vom Grundschulkind bis zum Rentner?

▸ Wie soll das Podcast-Format eigentlich heißen? Soll der Podcast auch ein grafisches Visual zur Wiedererkennung bekommen?

▸ In welcher Tonalität sprechen wir die Zielgruppe an? Per Du? Oder doch mit dem förmlichen Sie? Locker und offen oder eher sachlich-reserviert?

▸ In welcher Frequenz wollen wir die einzelnen Podcast-Episoden publizieren? Regelmäßig? In loser Reihenfolge?

▸ Wie lange haben wir pro Episode die Aufmerksamkeit der Hörer? Welche durchschnittliche Länge je Folge ist empfehlenswert?

▸ Wie und wo platzieren wir unseren Podcast? Welche technischen Publikationstools wollen wir nutzen, auf welchen Plattformen wollen wir präsent sein und wie bewerben wir jede Folge des Podcasts?

▸ Und wie stellen wir sicher, dass wir dauerhaft ein hohes, abwechslungsreiches Niveau erreichen und unserem Umweltbildungsauftrag gerecht werden?

Bei der Eruierung dieser wichtigen Eckpunkte empfahl es sich, einfach mal zu schauen, wie es andere etablierte (Corporate) Podcast-Publisher machen und welche eigenen Prioritäten man als Hörer von Podcasts setzt: Weshalb höre ich diesen oder jenen Podcast gerne bereits auch seit längerer Zeit? Sicherlich hängen die inhaltliche Konzeption und die durchschnittliche Länge jeder Episode von der Komplexität und Tiefe der transportierten Themen ab. Auch die Themenvielfalt und Bandbreite ist ein entscheidender Faktor: Bleibe ich ganz eng am eigenen „Produktportfolio" des Unternehmens oder gewährt der Corporate Podcast auch einen Blick über den Tellerrand der publizierenden Institution hinaus?

Am Ende dieses Prozesses gingen wir Anfang 2020 im Tierpark Hellabrunn nach intensiver Diskussion, dem Vergleich mit Podcast-Projekten anderer naturnaher Bildungsinstitutionen und den wertvollen Erfahrungen der an Bord geholten Redakteure mit dem folgenden Setting im Audio-Universum an den Start:

▸ Der Name unseres Hellabrunner Podcasts wurde aus einem bereits intensiv auf unseren Instagram- und Twitter-Kanälen genutzten Hashtag bajuwarischer Prägung übernommen: „MiaSanTier – der Zoopodcast aus Hellabrunn" war geboren!

▸ Hinsichtlich der Zielgruppendefinition hat es für uns am meisten Sinn gemacht, ein breites Publikum vom Grundschulalter bis zum pensionierten Jahreskarteninhaber in lockerer, aber niveauvoller Ansprache per Du abzuholen, natürlich gerne auch mal mit bayerischem Lokalkolorit.

▸ Hinsichtlich der Publikationsfrequenz sind wir zu der Überzeugung gelangt, dass wir regelmäßig alle zwei Wochen mit einem neuen Thema, einer neuen Episode „on air" gehen wollen. Das trägt zu einer dauerhaften und relevanten Präsenz bei und hält die aktuellen und zukünftigen Zuhörer bei der Stange. Diese Entscheidung hat natürlich direkte Konsequenzen für das zu veranschlagende Budget, denn jede Episode kostet Geld für personelle Ressourcenbindung, die Publikation und die externe redaktionelle Leistung.

▸ Was die Themenauswahl betrifft, waren wir uns einig, dass auf jeden Fall den tierischen Bewohnern allererste Priorität eingeräumt wird. Die Tiere sind der Mittelpunkt und haben Vorfahrt in der inhaltlichen Priorisierung. Exotische und heimische Tierarten aus allen Geozonen Hellabrunns, besondere Vergesellschaftungen im Zoo, neue Tierhäuser und ihre Bewohner stehen hier ganz oben auf der Agenda. Jedoch haben natürlich auch zoobetriebliche oder artenschutzbezogene Inhalte immer mal wieder Raum, kommuniziert zu werden. Hier nehmen wir regelmäßig kooperierende Artenschutzprojekte und Partner-Organisationen mit ins Programm.

▸ Im Redaktionsplan ist die Abfolge der Episoden abwechslungsreich zusammengestellt: mal geht es um eine spezielle Tierart (z. B. Flamingos oder Löwen), mal um ein übergeordnetes Thema wie „Tiere der Polarwelt". Oder wir lassen unsere Besucher zu Wort kommen, z. B. über ihre Lieblingsplätze im Tierpark oder wie Kinder Hellabrunn erleben. Und wer wüsste nicht gerne, woher das Futter für die Tiere kommt? Die Themenvielfalt macht es eben.

▸ Für die Vermarktung gibt es eigenes Logo, das für Wiedererkennung sorgt. Jede Folge erhält in den sozialen Medien eine individuelle und themenbezogene Fotocollage, die optisch verrät, worum es diesmal geht.

▸ Publiziert wurde „MiaSanTier – der Zoopodcast aus Hellabrunn" von Beginn an auf der Webseite des Münchner Zoos, um hier im Laufe der Zeit eine veritable Audio-Bibliothek an tier-, zoo- und artenschutzbezogenen Themen aufzubauen, auf deren einzelne Episoden wir regelmäßig in anderen Kommunikationskanälen wie Druckerzeugnissen, Pressemitteilungen, Social-Media-Beiträgen oder auch Interviews referenzieren können, damit die Besucher, Fans und weiteren Interessenten des Zoos eine ideale Möglichkeit haben, sich mit bestimmten Themen noch intensiver auseinanderzusetzen.

▸ Unersetzbar und ein absolutes Muss ist die Publikation jeder einzelnen Podcast-Folge mit dem webbasierten Dienstleister Podigee, der dafür sorgt, dass „MiaSanTier" auf allen gängigen Podcast-Plattformen wie Spotify, Apple Podcast, Amazon Audible oder Google Podcast präsent und verfügbar ist. Denn hier spielt bekanntermaßen die „Reichweiten-Musik" und man hat – wenn sich der Podcast nachhaltig als inhaltlich relevant erweist und das Potenzial für eine große Zielgruppe hat – die Chance, entsprechende Abonnenten und Hörer zu generieren.

▸ Jede Podcast-Episode pushen wir natürlich seit Beginn via Facebook, Instagram, teilweise Twitter und bei komplexeren Vorgängen mittels Pressemitteilung, um immer wieder auf das Format in den Reihen unserer Fans und weiterer Zoo-Interessenten aufmerksam zu machen. Der allergrößte Teil der Abrufe je Episode generiert sich dann aber ohnehin aus den bestehenden Abonnenten, die jede oder fast jede Folge des Podcasts auch hören.

Diese erste Struktur, mit der wir im Januar 2020 an den Start gingen, war jedoch nur eine Momentaufnahme. Denn für die Langlebigkeit und Relevanz eines Podcasts ist es selbstredend von Bedeutung, dass man das Format behutsam weiterentwickelt, wobei man natürlich dem inhaltlichen Produktversprechen treu bleiben muss. Im ersten Jahr haben wir einige Learnings aus dem Projekt ziehen können und für die Weiterentwicklung von „MiaSanTier" genutzt. Wir konnten uns glücklich schätzen, dass wir uns genau zu Beginn von Corona, der größten Pandemie neuerer Zeitgeschichte, ein ideales Instrument in die Hände gelegt haben, um auch während der monatelangen Schließungen des Tierparks die wichtigsten Entwicklungen und Neuigkeiten nach außen kommunizieren zu können – authentisch und original aus Hellabrunn, zugleich weltweit abrufbar.

Die Erfahrung hat uns gezeigt, dass zwei Gesprächspartner pro Folge optimal sind, um diese abwechslungsreich zu gestalten und ein Episoden-Thema von unterschiedlichen Seiten zu beleuchten: Oft führen unsere Zoologen bzw. Kuratoren ins Thema ein und jemand aus der Tierpflege erzählt dann über „seine" Hellabrunner Tiere, womit eine ganz besondere Themennähe und Authentizität hergestellt werden.

Anfangs fanden die Folgen ausschließlich im Tierpark statt, mittlerweile schalten wir auch zu Gesprächspartnern vor Ort, z. B. in ein Artenschutzprojekt auf Java oder zu einem Waisenhaus für Schimpansen in Sambia und lassen uns von dort berichten, welche Anstrengungen in situ unternommen werden, um das Überleben bedrohter Tierarten zu sichern. Auch außerhalb des Tierparks nehmen unsere Podcast-Redakteure Lokaltermine wahr, z. B. in die umliegenden Isarauen oder in Naturschutzgebieten im näheren Umkreis, um dort mit den Verantwortlichen zu sprechen. Dabei gibt es immer thematisch einen inhaltlichen Bezug zum Tierpark, meist weil der Tierpark das jeweilige Schutz-Projekt finanziell oder ideell unterstützt. So können wir die Hörer auch mal mit auf eine Reise nehmen und ihnen auf unterhaltsame Weise darstellen, dass Hellabrunn nun mal keine „Insel" ist, sondern wichtige Aufgaben zum Erhalt der Biodiversität übernimmt, die auch über die Tierparkgrenzen hinaus wirken.

Mit wachsender Zahl an Hörern und Abonnenten wurde „MiaSanTier – der Zoopodcast aus Hellabrunn" auch immer interessanter für die strategischen Partner und Sponsoren unseres Tierparks. Für sie haben wir den Podcast nach dem ersten Jahr on air als Vehikel für standardisierte Markenintegrationen geöffnet. Die generisch durch unsere Redakteure eingesprochenen „BrandBreaks" geben den Sponsoren eine Bühne als offizieller Präsentator der jeweiligen Podcast-Episode und platzieren die Marke somit in einem anspruchsvollen Umfeld. Je Folge und Sponsor verrechnen wir mittlerweile einen festgelegten Betrag für diese beliebte Gegenleistungsform und halten diese exklusiv für unsere Sponsoren, nicht aber für andere Werbetreibende offen.

Auch die eigene Bewerbung über unsere Social-Media-Kanäle Facebook und Instagram haben wir angepasst. Seit 2022 bewerben wir den Podcast in den sozialen Medien mit einem Audio-Teaser von ca. einer Minute Länge, sodass wir unsere potenziellen Hörer optisch, auditiv und textlich auffordern, „mal reinzuhören", und verweisen dann auf den Podcast in seiner gesamten Länge. Mit der Plakatwerbung beschränken wir uns derzeit auf das Tierparkareal, weil wir davon ausgehen, dass wir hier auf die höchste Konzentration in unserer Zielgruppe treffen und wir Menschen, die von ihren Erlebnissen im Tierpark begeistert sind, hier am direktesten abholen können.

Fazit:
Diese Maßnahmen und Entwicklungen lassen uns über drei Jahre nach Initiierung von „MiaSanTier", des ersten Podcasts in deutschsprachigen Zoos, auf eine glaubwürdige und lohnende Erfolgsgeschichte zurückblicken, die uns stolz macht und die wir im Sinne unserer Aufgabe als Umweltbildungs- und Artenschutzinstitution konsequent weiter fortschreiben wollen. Mit heute insgesamt über 100 publizierten Episoden, die zusammen bald 400.000 Abrufe mit regelmäßig 4.500 Abonnenten generiert haben und bereits Ende 2020 von zwei bekannten Lifestyle-Blogs unter die zehn hörenswertesten Münchner Podcasts gewählt wurden, können wir uns sehen lassen.

Diesen Kanal werden wir weiter betreiben, weiterentwickeln und auch zukünftig als ein wichtiges Sprachrohr des ersten Geozoos der Welt fungieren lassen.

Dennis Späth

Leitung Unternehmenskommunikation
Münchener Tierpark Hellabrunn AG

Praxis-Beispiel: „MiaSanTier – der Zoopodcast aus Hellabrunn"

(© Münchener Tierpark Hellabrunn AG)

Das Podcast-Konzept:

„In Hellabrunn ist immer was los! Täglich kümmern sich auf dem rund 40 Hektar großen Areal Tierpfleger, Zoologen, Tierärzte, Baufachleute, Architekten, Handwerker und Gärtner um mehr als 500 Tierarten und deren artgerechte Haltung. Da entstehen viele interessante Geschichten, die erzählt werden wollen. MiaSanTier, der Zoo-Podcast aus Hellabrunn, nimmt euch mit hinter die Kulissen, spricht mit dem Zoodirektor, Tierpflegern, Zoologen und Tierärzten, reist mit euch in ferne Länder und hat immer was Spannendes zu berichten. Seid dabei und lasst euch faszinieren!

Alle zwei Wochen erscheint eine neue Episode des beliebten Zoo-Podcasts."

Zum Podcast:
https://www.hellabrunn.de/der-tierpark/aktuelles/podcast-mia-san-tier

„Hörbar Steuern": Ein Impuls von Constanze Elter

Hören ist Emotion, Radio machen ist für mich Leidenschaft. Gute Gründe, weswegen ich nach Studium, Ausbildung und Volontariat lange beim Hörfunk, bei verschiedenen ARD-Sendern, gearbeitet habe. Und ein sehr guter Grund, warum ich Jahre später, als ich bei DATEV in der Unternehmenskommunikation angefangen hatte, begeistert war von der geplanten Wiederaufnahme des Podcasts-Projekts.

Bereits in den Jahren von 2007 bis 2014 bespielte DATEV einen Podcast-Kanal innerhalb der Unternehmenskommunikation. DATEV war damals Trendsetter und nahm mit Carsten Fleckenstein als verantwortlichem Redakteur das Medium Podcast zugleich als Spielwiese als auch als professionellen Kanal wahr. Damals existierten jedoch noch nicht die technischen Möglichkeiten, den tatsächlichen Erfolg dieses Kanals zu messen.

Aber der Wunsch blieb, dieses wunderbar lebendige und authentische Medium weiterhin zu nutzen. 2019 setzten wir daher das Projekt „Podcast" neu auf – mit neuem Konzept, neuen Inhalten und neuen Moderatoren: Gemeinsam mit meinem Kollegen Carsten Fleckenstein kümmere ich mich seitdem um sämtliche redaktionellen Prozesse des Mediums – und gemeinsam moderieren wir den Podcast. Für unsere Aufzeichnungen und die Postproduktion nutzen wir ein externes Studio zur Unterstützung.

Mittlerweile ist „Hörbar Steuern – Der DATEV-Podcast" in unserer Palette der Unternehmenskommunikation etabliert, mit viel kreativem Spielraum und zugleich viel Bindung an unsere Marke und Expertise. Unser Ziel: Themen informativ, unterhaltsam und mit hohem subjektivem Nutzen umzusetzen. Dafür zu sorgen, dass unsere komplexen Inhalte und Nischenthemen unterwegs und in unterschiedlichsten Umgebungen rezipiert werden können. Darin sehen wir eine Chance, Zugang zu einem jüngeren, digital affinen Teil unserer Zielgruppe zu erhalten und diesen Teil der Zielgruppe in diesem medialen Alternativ-Umfeld zu erreichen. Dafür müssen unsere Inhalte hörbar und leicht verständlich aufbereitet sein, fachlich kompetent und zugleich technisch hochwertig produziert. Ein Spagat – zwar anstrengend, aber lohnend, weil dies genau das ist, was einen Corporate Podcast zum Erfolg führt.

Ein Podcast muss eine Botschaft haben, Informationen liefern, die relevant und interessant für die Zielgruppe sind, sowie authentisch und glaubhaft sein. Für die Umsetzung heißt das, dass es ein Format mit hoher Wiedererkennbarkeit, mit eigenem Sounddesign und in regelmäßiger Frequenz braucht. Ein professioneller Podcast benötigt außerdem audioerfahrene Moderatoren – gerade die Leichtigkeit, die viele Podcasts auszeichnet, lässt sich nicht einfach so nebenbei erlernen. Auch bei der Produktion kommt es auf hochwertige Qualität mit professionellem Studioequipment an: Der Podcast geht direkt ins Ohr und verzeiht daher keine technischen Mängel. Vor dem erfolgreichen Corporate Podcast kommt daher immer erst das fundierte Konzept – und damit auch die Entscheidung, ob ein solches Medium inhouse oder extern produziert werden kann bzw. muss.

Am Ende gilt es, vor allem in der eigenen Nische gut zu sein und nicht im großen Meer der zahlreichen Podcasts mitschwimmen zu wollen. Auch für uns ist genau das eines der wichtigsten Ziele: eine Bühne zu schaffen, um DATEV-Themen lebendig und narrativ glaubwürdig zu erzählen. Unser Podcast läuft derzeit alle 14 Tage über alle großen Streaming-Dienste, mit einer nutzwertigen und service-orientierten Ausrichtung – mit Gesprächsrunden, Kollegengesprächen, Interviews, Mini-Reportagen, Umfragen und Schwerpunkt-Staffeln.

Mit unserem Konzept haben wir es geschafft, unter die Top fünf Prozent der deutschen Podcast-Landschaft zu kommen. Jedes Jahr gönnen wir uns eine Retrospektive und schauen uns genau an, was gut läuft und wo wir noch besser werden können – gleich, ob es Moderationsansätze, Soundelemente oder redaktionelle Prozesse sind.

„Hörbar Steuern – der DATEV Podcast" ist nun im vierten Jahr erfolgreich in unserer Medienlandschaft integriert. Jetzt wollen wir den nächsten großen Schritt wagen, zunächst verpackt in einen Relaunch des Mediums – noch frischer, noch moderner, noch authentischer. Und noch näher an unserer Zielgruppe. Denn wir wollen vor allem eines: in unserer Nische exzellent sein und unseren Hörerinnen und Hörern die Inhalte bieten, die sie weiterbringen und zugleich unterhalten. Aus diesem Grund arbeiten wir derzeit an weiteren Audioformaten. Mehr Abwechslung und zugleich mehr Fokus: Mehr geht nicht. Seien Sie gespannt, hören Sie rein – und reden Sie gern mit uns!

Ihre Constanze Elter

Medienverantwortliche Audio und Podcasts
DATEV eG

Praxis-Beispiel: „Hörbar Steuern – Der DATEV-Podcast"

(© DATEV eG)

Das Podcast-Konzet:

„Hörbar Steuern – Der DATEV-Podcast. Wir reden einfach drüber. Ein Podcast über Steuern, Buchführung, Recht, Beratung, Management, Alltag, Digitales und vielleicht auch Analoges. Themen, die euch interessieren. Dinge, die euch betreffen. Verständlich. Kompetent. Aktuell. Unterhaltsam.

Der DATEV-Podcast richtet sich an Unternehmer, Steuerberater, Kanzleigründer und -mitarbeiter und zeichnet sich nicht nur durch seine verschiedenen Formate, sondern auch durch seine Themenvielfalt aus. Auch Themen wie Unternehmensnachfolge, Achtsamkeit im Job und digitaler Nachlass werden diskutiert."

Zum Podcast:
https://www.datev-magazin.de/tag/podcast

„Jetzt machen! Der Energiewende Podcast":
Ein Impuls von Leif Erichsen

Unter dem Titel „Jetzt machen! Der Energiewende Podcast von E.ON" produzieren wir als Konzernkommunikation von E.ON seit Mitte 2023 einen Podcast für externe und interne Zuhörer. Dieser gebrandete Podcast auf den gängigen Plattformen hat seine Wurzeln in unserer internen Kommunikation – denn hinter uns liegen intensive Jahre der Transformation, von Krisen und zunehmender Unsicherheit:

Als der Angriff Russlands auf die Ukraine die Welt erschütterte, blickten wir gerade auf die erfolgreiche Integration von innogy und auf einen Wechsel an der Spitze des Konzerns zurück und wähnten uns auf dem Weg zu mehr kultureller Stabilität und wirtschaftlichem Erfolg. Aber: Durch den Krieg in der Ukraine – und damit direkt vor unserer Haustür – waren auch unsere Mitarbeitenden europaweit davon zumindest emotional betroffen. Viele arbeiten in direkten Nachbarländern der Ukraine, und auch in anderen europäischen Ländern ging eine Welle der Unterstützung für die Geflüchteten durch unsere Belegschaft.

In der Kommunikation haben wir uns die Frage gestellt, wie wir diesen Krieg als Thema aufgreifen, den Bezug und die Auswirkungen auf die Energieversorgung und unser Geschäft deutlich machen und zugleich ein Format finden, das Emotionen und persönliche Betroffenheit nicht ausspart. Wir wollten gegen den Krieg, die akute Energiekrise und die bleibende Unsicherheit ankommunizieren – mit beispielhaften Geschichten aus dem Konzern.

So entstand innerhalb weniger Tage ein Format von zwölf Podcast-Episoden mit Kolleginnen und Kollegen, die mit den Auswirkungen des Kriegs, aber teilweise auch mit dem damit einhergehenden Leid konkret in ihrem Alltag oder Geschäftsumfeld konfrontiert waren. Gesprächspartner brachten in den „mit Bordmitteln" produzierten Folgen ihre persönliche Perspektive auf den Krieg in der Ukraine mit: als Mitarbeitende in den Ländern der Krisenregion, als Vorständin und Schirmherrin der konzernweiten Hilfsprojekte, als Energie-Einkäufer, in dessen Bereich Preise plötzlich durch die Decke gingen, als Techniker, dessen Netzen in der Energiekrise Instabilität drohte, und als Kollegin, die eine Flüchtlingsfamilie aufnahm.

Die persönliche Offenheit, Kompetenz und Authentizität der Gesprächspartner in den zumeist knapp zehnminütigen Folgen kamen bei unseren 74.000 Mitarbeitenden sehr gut an und entsprechend groß waren die Streamingzahlen in unserem Social Intranet. Und die mobile Abrufbarkeit der Folgen via Social-Intranet-App war ein weiteres Plus.

Der Erfolg dieses Formats brachte die Zuversicht, dass auch ein dauerhafter Konzern-Podcast für interne und externe Zielgruppen erfolgreich sein könnte. Die Entscheidung fiel auf das Thema Energiewende, das zentrale Zukunfts- und Transformationsprojekt in Deutschland und Europa. Sie betrifft jeden, wird von Jahr zu Jahr komplexer, und zugleich können die Menschen immer stärker an ihr partizipieren und von ihr profitieren. Die Energiewende hat Auswirkungen auf zahlreiche Bereiche unseres Lebens, unserer Umwelt, auf Unternehmen und Politik.

Bezahlbarkeit, Versorgungssicherheit sowie Nachhaltigkeit und Klimaschutz nehmen im gesellschaftlichen Diskurs zum Thema Energie einen immer größeren Raum ein. Und damit ist in der Öffentlichkeit auch die Bedeutung der Energiewende in den Fokus gerückt. Mit Blick auf die Podcast-Welt fiel uns auf, dass Energiethemen bis dato nur vereinzelt aufgegriffen wurden – meist theoretisch und abstrakt, und schon gar nicht unternehmensseitig. Geschichten rund um eine erfolgreiche Energiewende bieten E.ON also die Chance, diese Nische mit eigenen Inhalten, positiven Botschaften, Experten aus der Praxis und dem Aufruf zum aktiven Mitmachen zu besetzen.

Nachdem das Thema festgelegt war, machten wir uns als Kommunikationsteam an die Basisarbeit – die Details dieses Formates mussten festgelegt und geschärft werden: Es ging um inhaltlichen Aufbau, Frequenz, Moderation, Gäste, technische Abwicklung, externen Support, KPIs …. Wir haben uns dazu professionelle Unterstützung gesichert, deren Erfahrung uns technisch, organisatorisch und inhaltlich zugutekommt. Der Sound des Teasers, Ton- und Schnittqualität der Folgen und der kurzen Snippets, mit denen wir den Podcast auf Social-Media-Accounts bewerben, tragen die Profi-Handschrift.

Entstanden ist „Jetzt machen! Der Energiewende Podcast von E.ON", ein Podcast-Format, das die unterschiedlichen Aspekte der Energiewende in den Blick nimmt, seien es Technologien wie Wasserstoff oder Anwendungsbereiche Mobilität und Wärmewende, aber auch deren Auswirkungen auf Gesellschaft und Industrie. Gemeinsam mit einer erfahrenen Moderatorin und Speakerin zu Nachhaltigkeitsthemen führe ich als Konzernpressesprecher der E.ON SE monatlich durch den rund halbstündigen Podcast. Zugegeben, meist reißen wir die uns selbst gegebene halbe Stunde, da es zu wirklich jedem Aspekt der Energiewende so viel zu besprechen gibt. Wir richten uns an Personen, die Interesse an der Energiewende haben, aber keine Experten sind. Wir möchten Wissen vermitteln, die Akzeptanz für die Energiewende steigern und interessante Hintergrundinformationen zu den einzelnen Themenfeldern unterhaltsam diskutieren.

Unsere Gäste sind sowohl interne als auch externe Experten. In lockeren Gesprächen klopfen wir das jeweilige Schwerpunktthema ab und möchten damit auch Lust auf mehr machen – natürlich inklusive Call to Action und Verweisen auf die bisherigen Folgen und Themen. Unsere externen Hörer, genauso wie die Mitarbeitenden des E.ON Konzerns, sollen sich angeregt fühlen, sich intensiver mit den vielfältigen Aspekten der Energiewende auseinanderzusetzen. Jeder Gesprächspartner bringt natürlich eine eigene Perspektive auf unser Kernthema ein. Das macht für uns die Moderation der Gespräche immer wieder spannend.

Den Auftakt als Gesprächspartner machte unser E.ON CEO Leo Birnbaum. Er gab in der ersten Podcast-Folge einen Überblick über das gesamte Spektrum des Themas Energiewende, informierte über den aktuellen Stand, präsentierte Lösungsansätze und warf einen Blick in die Zukunft mit seiner persönlichen Vision der Energiewende. Ein sehr erfolgreicher Auftakt und bis heute die meistgehörte Episode! Nach monothematischen Aufnahmen zu Wasserstoff, Wärmewende und Elektromobilität sprachen wir in der Jahres-Abschluss-Folge 2023 mit Lars Rosumek, E.ON SVP Communications and Political Affairs, über die Entwicklungen in der Energiepolitik des Jahres und über notwendige politische Entscheidungen im Jahr 2024.

Unseren Podcast spielen wir auf allen gängigen Plattformen extern aus und bewerben die Neuerscheinungen über die Corporate Social-Media-Kanäle sowie die persönlichen Kanäle des Moderatorenteams und der Gäste. Konzernintern gibt es inzwischen eine eigene Podcast-Plattform im konzernweiten Social Intranet, auf der dieser und weitere Podcasts abzurufen sind. Das Feedback ist positiv. Die Zahlen zeigen eine zunehmende Hörertreue und eine sehr stabile Durchhörquote: Die fünf publizierten Folgen des Jahres 2023 haben eine Retention-Rate von 60 Prozent. Das ermutigt uns, diesen Corporate Podcast in Zukunft fortzusetzen.

Abschließend lässt sich feststellen: Ein Podcast-Format eignet sich sehr gut, einen tieferen und trotzdem unterhaltsamen Einblick in ein komplexes Thema wie die Energiewende mit all ihren zahlreichen Aspekten zu geben. Nicht nur wir Moderatoren und der jeweilige Gast, sondern auch die Hörer setzen sich intensiv eine halbe Stunde und mehr mit dem Thema auseinander. Und nicht zuletzt haben wir als Konzern die Möglichkeit, unsere Marke, unsere Expertise und unsere Rolle als Playmaker der Energiewende inhaltlich zu untermauern – und einen neuen Kommunikationskanal zu erobern. Also ein Format mit Perspektiven! Wir können nach unseren Erfahrungen allen nur empfehlen: Einfach machen!

Leif Erichsen
Leiter Medien & Interne Kommunikation
Konzernpressesprecher
E.ON SE

Praxis-Beispiel: „Jetzt machen! Der Energiewende Podcast von E.ON"

Das Podcast-Konzept:

„Welche Rolle kann Wasserstoff bei der Energiewende spielen? Wie sieht die Mobilität der Zukunft aus? Und wie hilft die Digitalisierung der Energiewende? Diesen und weiteren Fragen widmet sich ‚Jetzt machen! – Der Energiewende Podcast'. E.ON ist ein internationales privates Energieunternehmen mit Sitz in Essen, das sich auf die Geschäftsfelder Energienetze und Kundenlösungen konzentriert. Als eines der größten europäischen Energieunternehmen übernimmt E.ON eine führende Rolle bei der Gestaltung einer grünen, digitalen und dezentralen Energiewelt.

Monatlich sprechen Leif Erichsen und Rona van der Zander mit Expertinnen und Experten aus der Branche und liefern Hintergründe und Kontexte zur Energiewende. Dabei untersuchen sie den Status quo, diskutieren, was wir aus der Vergangenheit für eine bessere Zukunft lernen können, und wagen einen Blick auf die (nachhaltige) Energiewelt von morgen."

Zum Podcast:
https://www.eon.com/de/ueber-uns/presse/e-on-podcasts.html

Podcasts in verschiedenen Business-Bereichen

„Es gibt praktisch keine Unternehmensart und -größe, keine Zielgruppen und keine Themen, die sich nicht für einen spannenden Podcast eignen!"

Das ist regelmäßig meine Antwort, wenn ich höre, dass Kommunikationskolleginnen und -kollegen in Unternehmen und Institutionen Unsicherheit äußern. Im Gegenteil – je komplexer und herausfordernder ein Thema ist, umso mehr brillieren Podcasts beim Storytelling.

Tauchen Sie ein in die Einsatz-Szenarien und Formatideen für die unterschiedlichsten Branchen und lassen Sie sich inspirieren. Ich bin mir sicher, dass Sie auch dann viele Ideen adaptieren können, wenn Ihre Branche nicht mit dabei ist. Die Auswahl der Beispiele erfolgte, um das breite Themen- und Format-Spektrum von Corporate Podcasts zu zeigen.

Lesen Sie auf den nächsten Seiten:

- ▸ Corporate Podcasts in Pharma, Healthcare und Medizintechnik
- ▸ Corporate Podcasts im HR-Bereich
- ▸ Corporate Podcasts im Content Marketing von B2B-Unternehmen
- ▸ Corporate Podcasts im B2C
- ▸ Corporate Podcasts für Anwälte und andere professionelle Dienstleister
- ▸ Corporate Podcasts im öffentlichen Bereich
- ▸ Corporate Podcasts für Personenmarken

Corporate Podcasts in Pharma, Healthcare und Medizintechnik

Gesundheit ist Vertrauenssache. Das Informationsbedürfnis der Menschen rund um ihre Gesundheit ist groß und Ärzte, Apotheker oder Krankenschwestern treffen auf immer mehr Patienten, die sich intensiv im Internet informieren. Die Attraktivität der neuen Informationsangebote im Netz steht nicht immer im Einklang mit seriöser medizinisch-wissenschaftlicher Expertise sowie dem ethischen Selbstverständnis und den regulatorischen Anforderungen an Produktinformation und Marketing von Pharmaunternehmen und Ärzten. Hinzu kommt ein stressiger Praxis- und Klinikalltag, der dem Fachpersonal wenig Zeit für die klassische Fortbildung und die Optimierung der Patientenansprache lässt. In einer Zeit, in der Informationen auf Knopfdruck verfügbar sind, muss die Gesundheitsbranche die Spielregeln des Marketings neu schreiben.

Content Marketing bietet hier eine vielversprechende Antwort: eine Strategie, die weit über reine Werbung hinausgeht. Die Zeiten, in denen Patienten ihren Arzt als einzige Informationsquelle betrachteten, sind vorbei. Heute nutzen Menschen Suchmaschinen, Foren und Social-Media-Plattformen, um ihre Beschwerden zu analysieren, bevor sie überhaupt einen Arzt aufsuchen. Glaubwürdigkeit und Vertrauen sind die Währungen der Gesundheitsbranche schlechthin. Content Marketing ermöglicht es Unternehmen, sich mit hochwertigen, wissenschaftlich fundierten Inhalten als vertrauenswürdige Informationsquelle zu positionieren. Gut gemachte Podcasts können hier ein wertvolles und erfolgreiches Instrument zur Zielgruppenansprache, Informationsvermittlung und Vermarktung sein. Aufmerksamkeitsstark, vertrauensbildend und rechtskonform.

Worte allein reichen nicht aus, um komplexe medizinische Sachverhalte zu vermitteln. Hier kommt **Storytelling** ins Spiel, eine der ältesten Kommunikationsformen der Menschheit und heute eine Schlüsselstrategie im modernen Marketing für Pharma, Healthcare und Medizintechnik. Daten und Fakten sind wichtig, aber ohne eine emotionale Komponente bleiben sie oft wirkungslos. Storytelling ermöglicht es Unternehmen, eine emotionale Bindung zu ihrer Zielgruppe aufzubauen. Gerade in der Gesundheitsbranche, in der Themen oft komplex und schwer verständlich sind, kann Storytelling die nötige Klarheit schaffen. Es dient als Brücke zwischen wissenschaftlichen Erkenntnissen und allgemein verständlichen Informationen.

Podcasts als Werkzeug für Storytelling ermöglichen eine besonders tiefgehende Kommunikation mit den Zielgruppen. In einer von visuellen Reizen überfluteten Welt bieten Podcasts eine willkommene Abwechslung. Zudem bieten sie die Möglichkeit, sehr spezifische Themen in großer Tiefe zu behandeln.

Zielgruppenanalyse

Ein erfolgreicher Podcast für Pharma und Healthcare muss stark auf die Zielgruppe zugeschnitten sein. Und die ist vielfältig, reicht vom Außendienst über den Großhandel, Ärzte und Pflegekräfte in Praxen und Kliniken bis hin zu Patienten und deren Betreuern. Gleiches gilt für Medizintechnikhersteller und andere Anbieter und Dienstleister im Gesundheitswesen. Ein pauschales „Informationsangebot für alle" funktioniert daher nicht.

Entscheidend für den Erfolg eines Corporate Podcasts ist auch hier eine genaue Zielgruppenanalyse:

▸ Die wohl wichtigste Zielgruppe im Gesundheitswesen sind die **Patienten** und ihre **Angehörigen**. Sie suchen nach Antworten, Trost und Orientierung. Mit der nötigen Sensibilität und Verantwortung werden Podcasts zu einer wichtigen Informationsquelle und Unterstützung für Menschen in schwierigen Zeiten. Ein Beispiel ist ein Podcast, der sich an Patienten und Angehörige von Menschen mit einer bestimmten Krankheit richtet. Er enthält Erfahrungsberichte, Ratschläge von Ärzten und aktuelle Forschungsergebnisse. Oder ein Podcast, der sich an die oft vernachlässigten Angehörigen und Pflegenden richtet und praktische Tipps für die Pflege, aber auch emotionale Unterstützung bietet.

▸ Wenn es darum geht, medizinisches Fachwissen zu verbreiten und für spezifische Produkte oder Verfahren im Gesundheitswesen zu werben, dann ist die Zielgruppe der medizinischen **Fachkräfte** – Ärzte, Krankenschwestern und Pfleger – von unschätzbarem Wert. Corporate Podcasts bieten hier eine einmalige Gelegenheit, eine informierte und fokussierte Dialogebene zu etablieren. Ein spezialisierter Podcast, der sich gezielt an Kardiologen richtet, könnte ein Beispiel sein. Hier würden neue Medikamente und Therapieansätze diskutiert werden, oft direkt mit den leitenden Forschern als Gäste. Oder ein Podcast, der speziell für Krankenschwestern und -pfleger konzipiert ist. Themen reichen dann von Stressmanagement und Burnout-Prävention bis hin zu neuen medizinischen Geräten.

▸ Im Gesundheitswesen sind der **Pharmagroßhandel** und **Apotheker** unverzichtbare Akteure. Sie stellen nicht nur die Versorgung mit Medikamenten sicher, sondern sind auch häufig die ersten Ansprechpartner für Patienten. Pharmagroßhändler und Apotheker müssen ständig up to date sein, was neue Medikamente, Lieferkonditionen und Therapieempfehlungen angeht. Apotheker stehen im direkten Kontakt zu den Endkunden und spielen eine Schlüsselrolle bei der Beratung und Aufklärung. Ihre Empfehlungen können entscheidend sein. Ein partnerorientierter Podcast kann sich auf Themen wie Logistik, Lagerbestände und

Lieferbedingungen konzentrieren, um den Großhandel zu unterstützen. Und ein serviceorientierter Podcast speziell für Apotheker behandelt beispielsweise fachliche Themen wie das Medikationsmanagement oder unternehmerische Aspekte der Apothekenführung.

Weitere Zielgruppen können je nach Thema natürlich auch politische Entscheidungsträger oder Medienmultiplikatoren sein. Für ambitionierte Start-ups sind Podcasts auch eine wichtige Säule, um Investoren zu finden und zu informieren. Ein gut gemachter Corporate Podcast nimmt den Hörer mit auf die Reise von der ersten Idee für ein Medikament bis zu seiner Markteinführung. Interviews mit Forschern, Ärzten und Patienten machen die komplexe Welt der Pharmaindustrie greifbar und das Unternehmen für Investoren glaubwürdig.

In den 15 bis 30 Minuten einer typischen Podcast-Episode lassen sich auch sehr anspruchsvolle Themen verständlich und unterhaltsam vermitteln. Voraussetzung ist natürlich eine formatgerechte redaktionelle Aufbereitung und eine souveräne Moderation. Denn gerade Experten entfernen sich im Interview oder Talk gerne sprachlich von der Zielgruppe.

Compliance

Eine durchaus berechtigte Sorge der Marketing- und Kommunikationsverantwortlichen in den Medizinbranchen sind die – zu Recht – strengen Compliance-Regeln. Die Einhaltung der rechtlichen Grundlagen im Gesundheitswesen ist für Unternehmen der Pharma-, Healthcare- und Medizintechnikbranche nicht nur unumgänglich, sondern auch ethisch geboten. Insbesondere PR- und Marketingaktivitäten wie der Einsatz von Corporate Podcasts bewegen sich in einem sensiblen Rahmen, der einer genauen rechtlichen Prüfung unterzogen werden muss. Die Chancen des Podcast-Einsatzes für das Storytelling überwiegen in diesem Zusammenhang jedoch alle Herausforderungen, die sich unter anderem aus dem Arzneimittelgesetz und dem Heilmittelwerbegesetz ergeben. Hier sind die Spielregeln für die Werbung für Arzneimittel und medizinische Verfahren festgelegt.

Unzulässige Heilversprechen oder irreführende Angaben sind streng verboten. Transparenz ist oberstes Gebot. Und natürlich müssen alle Informationen in Corporate Podcasts wahrheitsgemäß und vollständig sein – grundsätzlich ohnehin selbstverständlich für professionelle Kommunikatoren. Personenbezogene Geschichten, insbesondere von Patienten, müssen zudem mit größter Sorgfalt behandelt werden, um den Datenschutz zu gewährleisten.

Tipps zur Vermeidung von Compliance-Problemen

- Richten Sie eine Qualitätssicherung ein. Begleiten Sie die Aufnahmen in der (Remote-)Regie und lassen Sie den Podcast vor der Veröffentlichung von internen oder externen Experten juristisch prüfen.

- Sichern Sie Ihre redaktionelle Unabhängigkeit, indem Sie die Gesprächsführung in die erfahrenen Hände eines journalistischen Moderators legen. Dieses Zusammenspiel zwischen Ihnen und Ihrem Team, dem externen Moderator und den jeweiligen Experten und Talkgästen ermöglicht fachliche Vorgespräche, die inhaltliche Unschärfen automatisch aufdecken.

- Laden Sie im Zweifelsfall lieber einen oder mehrere externe Experten mit wissenschaftlicher Reputation oder Gremienfunktion ein, als die Inhalte ausschließlich mit eigenen Mitarbeitern zu besetzen.

- Planen Sie genügend Zeit für Qualitätskontrolle und Freigabe ein. Wenn Sie nur wenig Zeit zwischen Aufzeichnung und Veröffentlichung haben, legen Sie besonderen Wert auf die Vorgespräche mit dem Moderator und den Gästen. Und nutzen Sie dann besonders die Möglichkeit, als Auftraggeber an der Aufzeichnung teilzunehmen. Inhaltliche Probleme können dann schnell gelöst werden. Im Nachhinein hilft oft nur noch der Schnitt.

Ethische Überlegungen

Und natürlich sind unzulässige Heilsversprechen ein absolutes No-Go und können nicht nur rechtliche, sondern auch ethische Konsequenzen haben. Und vergessen Sie nicht, dass Sie mit einem Podcast leicht eine internationale Zielgruppe erreichen. Wenn Sie in verschiedenen Märkten unterschiedliche rechtliche Rahmenbedingungen haben, sollten Sie darauf achten, Ihre Aussagen einem bestimmten Zielmarkt zuzuordnen.

Neben den rechtlichen Anforderungen spielen also ethische Überlegungen eine wichtige Rolle bei der Entwicklung und Umsetzung von Corporate Podcasts im Gesundheitswesen. Sie bilden die moralische Grundlage für die Interaktion mit Patienten, medizinischem Fachpersonal und anderen Stakeholdern. Transparenz, Verantwortung und Integrität sind Schlüsselbegriffe, die bei der Konzeption und Umsetzung berücksichtigt werden sollten. Sie sind nicht nur für den Erfolg des Podcasts entscheidend, sondern tragen auch zur Glaubwürdigkeit und zum Vertrauen in die gesamte Organisation bei. Ein höheres Maß an Authentizität wird durch die Einbindung von Experten erreicht. Die Ethik verlangt, dass die Bedürfnisse der Zielgruppe – Ihrer Hörerinnen und Hörer – im Vordergrund stehen und nicht kommerzielle Interessen. Aber genau diese Serviceorientierung führt Ihren Podcast zum Erfolg und leistet einen wertvollen Beitrag zu Ihren Kommunikationszielen.

Qualität und Aktualität

Wichtig im Bereich Pharma, Healthcare und Medizintechnik ist auch die hohe inhaltliche Qualität und Aktualität Ihres Podcasts. Denn die medizinische Forschung ist einem ständigen Wandel unterworfen. Die Informationen der jeweiligen Episoden sollten daher vor der Aufnahme und Veröffentlichung sorgfältig geprüft werden. Bei Fachgebieten mit hoher Dynamik ist es zudem sinnvoll, eine Art eleganten Zeitstempel in die Präsentation einzubauen. Die bereitgestellten Informationen müssen wissenschaftlich fundiert und von Experten geprüft sein, nicht zuletzt, um das Vertrauen der Zielgruppe zu gewinnen. Um als vertrauenswürdige Quelle wahrgenommen zu werden, muss klar kommuniziert werden, wer hinter dem Podcast steht und welche Interessen verfolgt werden. Im Rahmen einer Kampagne mit eigener Kampagnenmarke sollten die Hörerinnen und Hörer dennoch immer wissen, wer ihnen diesen Service anbietet. Ein Logo auf dem Podcast-Cover und ein Hinweis im Intro oder Outro eignen sich dafür besonders gut.

Podcasts sind ein Kommunikationsinstrument für Storytelling und keine Werbeplattform. Potenziell werbliche Inhalte wie die Nennung von Medikamentennamen, Modellbezeichnungen bei medizinischen Geräten oder bestimmten medizinischen Behandlungen sollten vermieden werden, wenn sie nicht redaktionell notwendig sind. In jedem Fall sollten sie deutlich gekennzeichnet oder in den redaktionellen Kontext gestellt werden. Eleganter ist es, diese Informationen – wenn nötig – subtil in die Moderation von Experten einzubinden. Produktwerbung ist keinesfalls das Ziel des Podcasts; Sie wollen informieren, sensibilisieren, Wissen vermitteln und Ihr Unternehmen positionieren.

Zum Schluss noch zwei Tipps:

- Wenn Sie in Ihrem Unternehmen einen Ethikkodex entwickelt haben, achten Sie darauf, dass dieser auch für Ihren neuen Corporate Podcast gilt und passt.

- Wenn Sie sich mit Ihrem Podcast an Patienten wenden und einen Patientenbeirat im Unternehmen haben, suchen Sie den Dialog und stellen Sie Ihr Projekt vor. Geben Sie dem Beirat die Möglichkeit, Themen vorzuschlagen und Feedback zu den veröffentlichten Folgen zu geben.

Lassen Sie sich nicht abschrecken. Podcasts sind ideal, um fachlich anspruchsvolles Wissen zu vermitteln und wichtige Zielgruppen vom Patienten bis zur Pflegekraft individuell und intensiv anzusprechen.

Corporate Podcasts im HR-Bereich

Podcasts im Employer-Branding

Im Wettbewerb um neue Mitarbeiterinnen und Mitarbeiter verschafft Ihnen ein Bewerber-Podcast den entscheidenden Vorteil: Talente lernen Ihr Unternehmen und zukünftige Kolleginnen und Kollegen authentisch, sympathisch und intensiv kennen. Diese emotionale Bindung schafft keine Website und kein Video.

In einer Zeit, in der qualifizierte Fachkräfte in einigen Branchen die Qual der Wahl haben, kann Employer-Branding das Zünglein an der Waage sein. Talente suchen heute nach einer Unternehmenskultur, die mit ihren Werten übereinstimmt, nach Entwicklungsmöglichkeiten und nach einer sinnstiftenden Arbeit. Eine schwache Arbeitgebermarke kann es Unternehmen daher schwer machen, diese hohen Erwartungen zu erfüllen und sich im Wettbewerb zu behaupten.

Eine starke Arbeitgebermarke ist nicht nur ein wirksames Instrument zur Gewinnung von Talenten, sondern auch ein Schlüsselfaktor für die Mitarbeiterbindung und damit für den langfristigen Unternehmenserfolg. Authentizität steht dabei hoch im Kurs. Bewerberinnen und Bewerber suchen die „wahre" Geschichte hinter dem Unternehmen. Sie wollen wissen, wie es wirklich ist, für ein Unternehmen zu arbeiten, weit über das hinaus, was in einem Werbespot oder auf einer Karriereseite dargestellt wird. Authentisches Employer-Branding hilft, eine emotionale Bindung und Vertrauen aufzubauen, was wiederum zu einer höheren Mitarbeiterbindung und einem größeren Bewerberpool führt.

Podcasts ermöglichen eine ungefilterte, intime und oft sehr persönliche Art der Kommunikation. Im Gegensatz zu traditionellen Unternehmensvideos oder schriftlichen Testimonials können Podcasts den Zuhörern einen tieferen Einblick in die Unternehmenskultur bieten. Sie ermöglichen echte Gespräche und zeigen so die menschliche Seite eines Unternehmens. Interviews mit aktuellen Mitarbeitern, Führungskräften oder auch Ehemaligen können authentische Geschichten und Erfahrungen vermitteln, die mehr sagen als jeder Werbeslogan.

So lässt ein Unternehmen seine Mitarbeiter in einem Podcast über ihre täglichen Erfahrungen und Herausforderungen sprechen. Dieser Einblick in den Unternehmensalltag und die Unternehmenskultur wird von Bewerbern oft als sehr wertvoll empfunden und führt zu einer erhöhten Anzahl qualitativ hochwertiger Bewerbungen. Ein weiteres Beispiel ist ein Gesundheitsdienstleister, dessen Podcasts einen Blick hinter die Kulissen der Patientenversorgung ermöglichen und so nicht nur die fachliche Kompetenz, sondern auch die Empathie der Mitarbeiter zeigen. Ebenso erfolgreich sind die Formate „Ein Tag im Berufsleben". Hier werden die unterschiedlichsten Berufsbilder im Unternehmen vorgestellt, im Handel zum Beispiel von der Kassiererin bis zum Filialleiter. Das hilft, das Unternehmen als vielseitigen Arbeitgeber zu positionieren. Und ein Unternehmen aus dem Bereich der erneuerbaren Energien kann im Podcast Themen wie die Unternehmensgeschichte, Nachhaltigkeitsziele und das eigene Leitbild thematisieren. Ein Finanzdienstleister kann einen wöchentlichen Podcast starten, der verschiedene Aspekte der Finanzwelt behandelt. Von der Makroökonomie bis hin zu spezifischen Finanzprodukten im Portfolio. Ein breites Themenspektrum, das sowohl für Neueinsteiger als auch für erfahrene Mitarbeiter interessant ist. Den Ideen sind keine Grenzen gesetzt.

Strategie-Tipps

▷ Die Authentizität eines Podcasts bleibt am besten erhalten, wenn das Format nicht zu sehr „gescriptet" ist. Natürlich sollte es eine grobe Struktur und vorbereitete Fragen geben, aber die Gespräche brauchen auch Raum für spontane Antworten und Anekdoten.

▷ Beim Employer-Branding ist auch die technische Qualität wichtig; ein schlechter Ton oder eine amateurhafte Produktion können die Glaubwürdigkeit untergraben und den Arbeitgeber unattraktiv machen. Eine zielgruppenspezifische Ausrichtung der Inhalte ist unerlässlich.

▷ Vorsicht ist bei einer zu werblichen Sprache geboten. Zu viel Eigenwerbung wirkt eher abschreckend als anziehend. Eine erfolgreiche Employer-Branding-Strategie ist daher mehr als nur eine brillante Werbekampagne.

Podcasts im Recruiting-Prozess

Das Recruiting ist derzeit eine der größten Herausforderungen für viele Personalabteilungen. In einem Umfeld, in dem Talente wählerisch sind und Unternehmen im ständigen Wettbewerb um die besten Köpfe stehen, ist der Einsatz von Corporate Podcasts ein entscheidender Vorteil. Podcasts sind im Recruiting noch ein relativ junges Phänomen, aber ihre Bedeutung nimmt auch im deutschsprachigen Raum rasant zu. Ihre Niederschwelligkeit und ihr hoher Informationsgehalt machen sie zu einem idealen Medium für die Ansprache potenzieller Bewerber. Für Talente gibt es die unterschiedlichsten Faktoren, warum sie sich für oder gegen eine Bewerbung entscheiden. Und auch im laufenden Bewerbungsprozess punktet eine Kombination aus Professionalität und Nähe. In einem Podcast kann ein Unternehmen seine Kultur, seine Vision und die Herausforderungen der verschiedenen Rollen innerhalb der Organisation lebendig und authentisch darstellen. Im besten Fall werden die Zuhörer nicht nur unterhalten, sondern erhalten auch wertvolle Einblicke, die ihnen bei der Entscheidungsfindung helfen können.

Unternehmens-Podcasts sind mehr als nur ein weiterer Kanal in der Rekrutierungsstrategie. Sie bieten die Möglichkeit, Bewerber auf sehr persönliche Weise anzusprechen, und können, wenn sie richtig eingesetzt werden, eine echte Bindung zwischen Bewerber und Unternehmen schaffen. Sie sind eine innovative Möglichkeit, sich von der Konkurrenz abzuheben und qualifizierte, engagierte Mitarbeiter zu gewinnen.

Die Einblicke im Recruiting-Podcast sollten realistisch sein und können sowohl Höhen als auch Tiefen umfassen. Es ist ratsam, ein breites Spektrum von Mitarbeitern zu Wort kommen zu lassen – von Führungskräften bis hin zu Praktikanten.

Podcasts im Onboarding-Prozess

Aber nicht nur die Gewinnung neuer Mitarbeiter ist eine Herausforderung. Der erste Eindruck zählt, und das gilt besonders für neue Mitarbeiter. Onboarding ist daher ein kritischer Moment im Lebenszyklus eines Mitarbeiters und kann wesentlich dazu beitragen, wie erfolgreich und engagiert diese Person im Unternehmen sein wird. Der Onboarding-Prozess ist häufig mit einer Fülle von Informationen und Schulungen verbunden, die überwältigend sein können. Gerade bei jungen Talenten häufen sich die Fälle von Frustration und Kündigung bereits in den ersten Wochen. Oft hängt dies mit schlechten Erfahrungen in der Onboarding-Phase zusammen. In diesem Zusammenhang bieten Corporate Podcasts eine innovative Möglichkeit, das Onboarding-Erlebnis zu bereichern. Podcasts bieten eine flexible Lösung, die es neuen Mitarbeitern ermöglicht, die Unternehmenskultur, Geschäftsprozesse oder Fachthemen in ihrem eigenen Tempo zu erkunden. Ob auf dem Weg zur Arbeit oder in der Mittagspause: Ein Podcast kann jederzeit und überall konsumiert werden.

Strategie-Tipps
Beim Einsatz von Podcasts im Onboarding sind einige Best Practices zu beachten.

- Erstens sollte der Inhalt gut strukturiert und leicht verdaulich sein.
- Zweitens ist Interaktivität ein Pluspunkt: Einladungen zu Feedbackrunden oder Quizfragen können die Aufmerksamkeit der Zuhörer erhöhen.
- Drittens, und das ist sehr wichtig, sollte der Podcast immer aktuell sein. Veraltete Informationen können nicht nur irreführend sein, sondern auch das Engagement der Mitarbeiter verringern.

Richtig gemacht, bieten Podcasts eine persönliche, flexible und informative Möglichkeit, neue Mitarbeiter willkommen zu heißen und ihnen den Einstieg ins Unternehmen zu erleichtern.

Podcasts als Mittel der internen Kommunikation

Podcasts zur Mitarbeiterbindung

Kommunikatoren wissen um die seit Jahren wachsende Bedeutung der internen Kommunikation und die Schwierigkeit, alle Mitarbeiterinnen und Mitarbeiter über klassische Kanäle wie das Intranet oder die Mitarbeiterzeitung zu erreichen. Interne Kommunikation ist das Rückgrat jedes erfolgreichen Unternehmens. Sie schafft ein Wir-Gefühl, fördert die Motivation der Mitarbeiterinnen und Mitarbeiter und sorgt für eine klare Ausrichtung aller Aktivitäten. Hier kann der Podcast seine besonderen Stärken ausspielen. Im Gegensatz zu E-Mails, Intranet-Posts oder anderen klassischen Kommunikationskanälen bieten Podcasts einen immersiven Charakter. Durch die Kombination von Ton und Persönlichkeit entsteht ein intimes Erlebnis, das das Gefühl eines individuellen Gesprächs vermittelt, selbst wenn der Podcast an Tausende Mitarbeiter gerichtet ist. Corporate Podcasts bieten eine neue Dimension der internen Kommunikation, die gerade in Zeiten zunehmender Telearbeit und global verteilter Teams an Bedeutung gewinnt.

Podcasts zur Weiterbildung

Der digitale Wandel und die Schnelligkeit des modernen Geschäftslebens erfordern eine ständige Aktualisierung von Fähigkeiten und Wissen. Weiterbildung und lebenslanges Lernen sind Schlüsselkomponenten für den Erfolg in einer sich ständig verändernden Geschäfts- und Arbeitswelt. Corporate Podcasts bieten hier eine flexible und engagierte Methode, um Mitarbeiterinnen und Mitarbeiter kontinuierlich zu schulen und ihr Wissen zu erweitern. Auch standortübergreifend und für Mitarbeiter in Produktion, Montage und Service, die selten am Schreibtisch sitzen. Ein bewährtes Mittel ist die Einbindung von Experten und Vordenkern, sowohl intern als auch extern, um unterschiedliche Perspektiven und Kompetenzen einzubringen. Interaktivität ist auch hier ein Schlüssel.

Die Einsatzmöglichkeiten von Podcasts in der HR-Welt sind also vielfältig. Die Chancen, sich als Arbeitgeber zu differenzieren und mit diesem Instrument bei Mitarbeitern und Bewerbern zu punkten, sind nach wie vor enorm.

Corporate Podcasts im Content Marketing von B2B-Unternehmen

Content Marketing im B2B-Bereich unterscheidet sich grundlegend von der B2C-Welt. Die Vertriebszyklen sind oft länger, die Entscheidungsprozesse komplexer und die Zielgruppen spezialisierter. In diesem dynamischen Umfeld haben sich Podcasts als effizientes Instrument zur Kommunikation komplexer Inhalte etabliert.

Einer der Hauptgründe, warum Podcasts im B2B-Bereich so effektiv sind, ist ihre Fähigkeit, Expertise und Glaubwürdigkeit zu vermitteln. Durch eine klare Erzählstrategie dient ein Podcast als Plattform, um Thought Leadership zu etablieren. Dies wird noch verstärkt, wenn Branchenexperten oder Influencer als Gäste eingeladen werden. Deren Expertise und Netzwerk kann dazu beitragen, die Reichweite des Podcasts deutlich zu erhöhen. Die Bedeutung eines Podcasts wird noch signifikanter wenn er nicht als isolierte Maßnahme, sondern als Teil einer übergreifenden Content-Strategie betrachtet wird. Durch die Integration des Podcasts in andere Marketingkanäle wie Blogs, Webinare und Social-Media-Plattformen kann eine konsistente und einheitliche Markenbotschaft vermittelt werden.

Ein Ansatz ist das Content Repurposing, bei dem bereits vorhandene Inhalte in verschiedenen Formaten wiederverwendet werden. So kann beispielsweise ein erfolgreiches Whitepaper als Grundlage für eine Podcast-Serie dienen, in der einzelne Punkte vertieft werden. Dabei sollten Podcasts immer auch für Suchmaschinen optimiert werden, z. B. durch die Veröffentlichung von Transkripten, um die Auffindbarkeit im Internet zu erhöhen. Podcasts bieten im B2B-Bereich ein enormes Potenzial, sowohl im Hinblick auf die Reichweite als auch auf den Aufbau von Expertise und Glaubwürdigkeit. Die Integration von Podcasts in den Content-Mix ist dabei keine optionale Zusatzleistung, sondern ein strategischer Schritt, der den gesamten Content-Marketing-Prozess bereichert.

Die Audio Case Study

Die Welt des B2B-Marketings ist vielfältig. Storytelling spielt dabei eine immer größere Rolle, insbesondere wenn es darum geht, komplexe Produkte oder Dienstleistungen verständlich und ansprechend darzustellen. Ein innovatives Format, das dabei in den letzten Jahren immer mehr an Bedeutung gewonnen hat, ist die Audio Case Study in Form eines Podcasts, der eine Erfolgsgeschichte oder eine besondere Herausforderung eines Unternehmens in den Mittelpunkt stellt. Dabei geht es nicht nur um die Darstellung des Problems und der Lösung, sondern auch um die Menschen hinter den Kulissen, die zu diesem Erfolg beigetragen haben. So entsteht eine emotionale Bindung, die im B2B-Umfeld noch viel zu oft unterschätzt wird.

Die Stärke des Podcasts als Audio Case Study liegt in seiner Authentizität. Durch Interviews mit echten Menschen, vom Management bis zum Techniker vor Ort, wird eine Vielschichtigkeit erreicht, die in anderen Formaten nur schwer darstellbar ist. Zudem bietet das Audioformat den Vorteil, dass es auch unterwegs konsumiert werden kann, was gerade für vielbeschäftigte B2B-Entscheider ein nicht zu unterschätzender Vorteil ist. Nicht zu vernachlässigen ist der hohe Qualitätsanspruch der Hörerinnen und Hörer. Denn sie überfliegen einen Podcast nicht wie eine E-Mail oder eine Website, sondern investieren wertvolle Zeit in das bewusste und ablenkungsfreie Zuhören. Daher gilt es, die richtige Balance zwischen informativen und unterhaltsamen Inhalten zu finden. Ein zu werblicher Ton kann schnell abschrecken, eine zu sachliche Darstellung das Interesse verlieren lassen.

Zielgruppen und Ziele

Neben Interessenten und Kunden sind auch Außendienstmitarbeiter, Vertriebspartner und Händler mögliche Zielgruppen für einen Corporate Podcast. Denn in der B2B-Welt geht es nicht nur darum, potenzielle Kunden zu gewinnen, sondern auch bestehende Geschäftsbeziehungen zu pflegen und zu vertiefen. Dazu gehören hochwertige Service- und Weiterbildungsangebote, die auch im Audioformat eines Corporate Podcasts erstklassig aufbereitet werden können. Gerade für mobile Mitarbeiter, wie zum Beispiel Außendienstmitarbeiter, sind Podcasts ein wertvolles Instrument. Sie bieten die Möglichkeit, die Reisezeit effektiv für Weiterbildung und Information zu nutzen. Durch die gezielte Ansprache dieser Mitarbeitergruppe stellen Unternehmen sicher, dass auch das Team „on the road" immer auf dem neuesten Stand ist, sei es in Bezug auf neue Produkte, gesetzliche Regelungen oder Verkaufstechniken.

Podcasts können aber nicht nur informieren, sondern auch motivieren. Durch die Einbindung von Erfolgsgeschichten, Interviews mit Top-Performern oder auch humoristischen Elementen wird der Podcast zu einem Medium, das Mitarbeiter gerne konsumieren. So wird er zu einem festen Bestandteil der Unternehmenskultur und stärkt das Gemeinschaftsgefühl. Die gleiche Dynamik gilt auch für Vertriebspartner und Händler. Hier wird der Podcast genutzt, um die Beziehung und Kommunikation zwischen Hersteller und Vertriebskanal zu verbessern. Durch den Austausch von Best Practices, Erfolgsgeschichten oder auch konkreten Verkaufstipps wird der Podcast zu einem wertvollen Ressourcenpool, der dazu beiträgt, die Vertriebsaktivitäten zu harmonisieren und letztlich erfolgreicher zu gestalten. Ein Beispiel ist ein Hersteller von Industriemaschinen, der einen monatlichen Podcast speziell für seine Vertriebspartner ins Leben gerufen hat. Durch regelmäßige Updates zu technologischen Neuerungen und Marktanalysen bietet der Podcast einen echten Mehrwert und fördert die enge Zusammenarbeit zwischen den Vertriebspartnern und dem Hersteller.

Vermarktungsstrategie

B2B-Podcasts sprechen in der Regel eine klar definierte, meist bereits bestehende Zielgruppe an. Ein effektives Marketing unterscheidet sich daher deutlich von dem für Consumer-Themen. Und natürlich gilt: Ein Corporate Podcast kann inhaltlich noch so gut sein – ohne eine durchdachte Vermarktungsstrategie wird er sein Potenzial nicht voll ausschöpfen können. Ein Corporate Podcast für B2B sollte genau auf die Bedürfnisse und Interessen der Entscheider und Experten der jeweiligen Branche zugeschnitten sein. Daher ist eine sorgfältige Markt- und Zielgruppenanalyse der erste und vielleicht wichtigste Schritt bei der Vermarktung eines B2B-Podcasts. Neben den gängigen Podcast-Plattformen sollten auch die eigene Website sowie spezielle B2B-Portale und -Foren für die Bewerbung genutzt werden. Auch eine feste Rubrik im Newsletter und Webinare sind sinnvoll, um den Podcast einem Fachpublikum vorzustellen. Durch Kooperationen mit Branchenverbänden, Fachmedien oder Influencern kann die Reichweite des Podcasts deutlich erhöht werden. Ein gutes Beispiel hierfür wäre ein Podcast aus dem Bereich der erneuerbaren Energien, der in Kooperation mit einem großen Branchenverband produziert und vermarktet wird. Die Synergieeffekte einer solchen Partnerschaft sind erheblich.

Die absolute Zahl der Hörerinnen und Hörer ist jedoch nicht der entscheidende Erfolgsfaktor. Vielmehr geht es darum, die Aufmerksamkeit der Zielgruppen zu gewinnen, sie mit hochwertigen Inhalten zu fesseln und gleichzeitig das eigene Unternehmen, die eigenen Lösungen und Dienstleistungen kompetent und serviceorientiert zu positionieren. Im B2B-Segment sind vor allem die Conversions von Interesse. Hier stellt sich die Frage: Wie viele der Podcast-Hörer führen eine gewünschte Aktion durch, sei es der Download eines Whitepapers, die Anmeldung zu einem Webinar oder die Kontaktaufnahme mit dem Vertrieb? Der ROI lässt sich aber nicht nur in harten Zahlen ausdrücken. Oft spielen auch weichere Faktoren wie Markenbildung, Reputation oder Mitarbeiterzufriedenheit eine Rolle. Ein Corporate Podcast kann beispielsweise dazu beitragen, das Unternehmen als Thought Leader in einem bestimmten Bereich zu positionieren. Diese Form des immateriellen Kapitals ist zwar schwer zu quantifizieren, hat aber langfristig einen nicht zu unterschätzenden Wert.

Corporate Podcasts im B2C

Content Marketing hat sich in den letzten Jahren als Schlüsselstrategie im B2C-Bereich etabliert. Angesichts der Informationsflut, mit der Verbraucher heute konfrontiert sind, reicht es nicht mehr aus, ein gutes Produkt oder eine hervorragende Dienstleistung anzubieten. Unternehmen müssen sich im Wettbewerb um die Aufmerksamkeit der Kundinnen und Kunden abheben, und Content Marketing ist hier ein wirksames Mittel.

Podcasts bieten eine einzigartige Möglichkeit, eine tiefere Verbindung zu den Konsumentinnen und Konsumenten aufzubauen. Im Gegensatz zu einem Blogpost oder einem Video, die vielleicht nur wenige Sekunden Aufmerksamkeit auf sich ziehen, bieten Podcasts die Möglichkeit, die Zuhörerinnen und Zuhörer über einen längeren Zeitraum zu fesseln. Das ist entscheidend, denn je mehr Zeit ein Kunde mit der Marke verbringt, desto wahrscheinlicher ist eine langfristige Bindung. Gefragt sind nicht nur Informationen, sondern auch Unterhaltung und Inspiration. Hier kommen Elemente des Storytelling ins Spiel, eine Kunstform, die in Podcasts hervorragend zur Geltung kommt: Menschen erinnern sich viel besser an Geschichten als an reine Daten oder Fakten. Wenn es Ihnen gelingt, Ihre Marke oder Ihr Produkt als eine Geschichte darzustellen, die bestimmte Herausforderungen meistert oder einem höheren Zweck dient, dann schaffen Sie einen emotionalen Anker im Gedächtnis Ihrer Zielgruppe.

Das ideale Medium zur Kundenbindung: Storytelling via Podcast

Podcasts sind aus mehreren Gründen ein ideales Medium für B2C-Storytelling. Die Audioform lässt Raum für Zwischentöne und ermöglicht es, die Hörerinnen und Hörer auf einer tieferen, emotionalen Ebene anzusprechen. Ein weiterer Vorteil: Podcasts sind in der Länge flexibel und können auch längere Geschichten erzählen, die sich über mehrere Folgen erstrecken. Das erzeugt nicht nur Spannung, sondern fördert auch die Kundenbindung. Ist die Geschichte gut genug, kommen die Hörerinnen und Hörer immer wieder, um den nächsten Teil zu hören. Jeder neue Kontakt mit Ihrer Marke durch wiederholtes Hören stärkt die Beziehung und erhöht die gewünschte Wirkung. Ihre Geschichte muss nicht nur gut erzählt sein, sie muss auch authentisch sein und zu Ihrer Marke passen. Das schafft letztlich Vertrauen, und Vertrauen ist die Basis jeder starken Kundenbeziehung.

Erfolgreiche Corporate Podcasts für B2C-Zielgruppen sind jedoch keine einfache Disziplin, denn in Zeiten der Medienüberflutung herrscht ein harter Wettbewerb um die Aufmerksamkeit der Menschen. Podcasts konkurrieren hier mit einer Vielzahl anderer Medien und Infotainment-Optionen. Eine der größten Herausforderungen im B2C-Bereich ist die immer geringer werdende Aufmerksamkeitsspanne der Konsumenten. Das Überangebot an Informationen und Unterhaltungsangeboten führt dazu, dass die Marke nur wenige Sekunden Zeit hat, um das Interesse der Zielgruppe zu wecken. Podcasts ermöglichen die erhoffte tiefere Interaktion mit dem Publikum, erfordern aber auch eine zeitliche Investition seitens der Hörerinnen und Hörer. Ein gutes Intro, ein spannender Einstieg, packende Geschichten und interessante Einblicke sind daher wichtige Erfolgsfaktoren.

Beispiele für B2C-Podcasts

Ideen und Beispiele für spannende B2C-Podcasts von Unternehmen und Institutionen gibt es viele. Lassen Sie sich inspirieren:

▸ Stellen Sie sich ein **Museum für moderne Kunst** vor, das per Podcast die Geschichten hinter einzelnen Werken oder ganzen Ausstellungen erzählt. Der Kurator könnte die Bedeutung des Kunstwerks und seine Relevanz im aktuellen gesellschaftspolitischen Kontext erläutern, während der Künstler selbst Einblicke in seine Inspiration und seinen Schaffensprozess gibt. Eine Variante dieses Podcasts könnte auch eine spezielle Episodenreihe für Schulklassen sein, in der Kunstwerke in ihrem historischen Kontext erklärt werden. Eine solche Serie würde den Kunstunterricht ergänzen und die Neugier der jungen Generation auf Kunst und Geschichte wecken.

▸ Ein **Buchverlag** könnte einen Podcast mit Autoreninterviews und Leseproben aus Neuerscheinungen starten. Durch die direkte Einbeziehung der Autoren wird der Mensch hinter den Geschichten hervorgehoben und der Leser kann eine tiefere Beziehung zu den Werken aufbauen. Die Hörerinnen und Hörer können auch Buchvorschläge einreichen und diskutieren. Das schafft eine engagierte Community und fördert die Leserbindung an den Verlag.

▸ Auch für eine **Airline** ist es nicht schwer, Themen und Ideen für eine längerfristige redaktionelle Planung zu identifizieren. Wie wäre es mit einer Serie über „touristische Geheimtipps", also weniger bekannte, aber dennoch sehenswerte Orte, die man auf Reisen unbedingt besuchen sollte? Jede Folge könnte ein anderes Reiseziel in den Mittelpunkt stellen oder spezielle Reisethemen wie nachhaltiges Reisen, lokale Küche oder Reisen mit Kindern behandeln. Flugbegleiter, Piloten oder lokale Reiseführer könnten ihre Insider-Tipps weitergeben. Eine solche Podcast-Reihe könnte in Kooperation mit lokalen Tourismusbehörden entstehen und exklusive Angebote und Rabatte für Podcast-Hörer bieten.

- Ein moderner **Zirkus** könnte seinen Podcast nutzen, um die Talente und Fähigkeiten seiner Artisten zu präsentieren. Von Hintergrundgeschichten über die intensive körperliche und mentale Vorbereitung der Akrobaten bis hin zu technischen Details der spektakulären Lichtshows bietet jeder Aspekt des Zirkuslebens faszinierende Anknüpfungspunkte für spannende Episoden. Wie wäre es mit einer Miniserie über junge Talente, die demnächst in der Manege stehen? Das würde den Zuschauern nicht nur einen einzigartigen Einblick in die Welt des Zirkus bieten, sondern auch eine emotionale Verbindung zu den Artisten herstellen.

- Ebenso spannend ist ein Podcast-Projekt für einen **Freizeitpark**, der in regelmäßigen Episoden die Geschichten hinter seinen beliebtesten Achterbahnen und Attraktionen erzählt. Hier gibt der Chefingenieur Einblicke in die Komplexität des Achterbahnbaus und ein Historiker erklärt, wie die Attraktionen kulturelle Narrative aufgreifen. Der Podcast bietet nicht nur ein faszinierendes Hörerlebnis, sondern stärkt auch die emotionale Bindung der Gäste an den Park. Dabei empfiehlt es sich, nicht nur die adrenalingeladenen Seiten des Parks zu thematisieren, sondern auch die ruhigeren, familienfreundlichen Attraktionen. Durch diese Themenvielfalt kann der Park eine breitere Zielgruppe ansprechen.

- **Theater** nutzen ihren Podcast als Bühne für Nebenhandlungen oder Backstorys zu den aufgeführten Stücken. Diese Nebengeschichten werden von den Schauspielern selbst erzählt und geben dem Publikum einen tieferen Einblick in die Charaktere und die jeweilige Inszenierung. Auch hier sind spezielle kurze, interaktive Geschichten für Kinder denkbar, die diese nicht nur im Rahmen einer zu besuchenden Theatervorstellung unterhalten, sondern auch anregen, selbst kreativ zu werden.

- Und natürlich bietet ein Zoologischer Garten ein Füllhorn an spannenden Podcast-Geschichten, wie der Impulsbeitrag von Dennis Späth im Kapitel zuvor bereits eindrucksvoll unterstrichen hat. Selbstverständlich kommen dabei auch Themen des Arten- und Naturschutzes zur Sprache. Die Episoden können sich mit Schutzprojekten beschäftigen, Interviews mit Tierpflegern und Wissenschaftlern schärfen, das Bewusstsein für den Artenschutz und werben für den Auftrag des Zoos.

Übertragen Sie diese Beispiele und Inspirationen auf Ihre Branche und Ihr Unternehmen. Die Möglichkeiten sind vielfältig und das Schöne an Corporate Podcasts ist, dass sie eine Plattform bieten, auf der Unternehmen ihre Markenidentität durch authentisches Storytelling stärken können. Ob es darum geht, die Herzen der Hörer zu gewinnen oder soziale Botschaften zu vermitteln – die Wirkung eines gut durchdachten Podcasts kann weitreichend sein. Auch für Behörden, Stiftungen oder NGOs. Erreichen Sie nicht nur Ihre B2C-Zielgruppen, sondern treten Sie mit ihnen in einen Dialog.

Corporate Podcasts für Anwälte und andere professionelle Dienstleister

Anwaltskanzleien, Wirtschaftsprüfer, Unternehmensberater, Steuerberater und andere freiberufliche Dienstleister unterliegen bestimmten berufsrechtlichen und berufsethischen Richtlinien und Beschränkungen. Dennoch stehen ihnen heute weitaus mehr Marketingaktivitäten offen als noch vor einigen Jahren. Content Marketing und Storytelling leben von Geschichten, und gerade diese Geschichten drehen sich oft um Mandanten und damit um vertrauliche Informationen. Die Kunst besteht darin, diese Geschichten so zu erzählen, dass sie die Kernbotschaften vermitteln, ohne dabei gegen berufsrechtliche oder ethische Grundsätze zu verstoßen. Ein schmaler Grat, gewiss, aber einer, der bei richtiger Umsetzung enorme Vorteile bringen kann: Denn gerade in Branchen, die oft als trocken oder technisch wahrgenommen werden, können Geschichten dazu dienen, komplexe Sachverhalte greifbar und verständlich zu machen. Ein gut erzähltes Fallbeispiel kann beispielsweise mehr Einblick in die Arbeit eines Steuerberaters geben als eine detaillierte Auflistung der Dienstleistungen auf der Website. Es geht darum, Fachwissen und Erfahrungen so zu präsentieren, dass sie sowohl ansprechend als auch informativ sind. Genau das können Podcasts leisten.

Beispiele für Podcasts in Dienstleistungsberufen

▸ Eine auf Arbeitsrecht spezialisierte **Kanzlei** thematisiert in ihrem Podcast beispielsweise die aktuelle Rechtsprechung der Arbeitsgerichte und kann dazu auch Experten, Richter und sogar ehemalige Mandanten einladen. Häufig wird aber gerade nicht über eigene Fälle gesprochen, um sicherzustellen, dass keine vertraulichen Informationen weitergegeben werden. Vielmehr werden relevante Urteile eingeordnet und ihre Grundlagen und Auswirkungen erläutert. Ein solcher Podcast kann nicht nur die Online-Präsenz erhöhen, sondern auch die Mandantenakquise erleichtern.

▸ Für **Wirtschaftsprüfungsgesellschaften** und **Unternehmensberater** zahlt ein hochwertiges Content Marketing auch auf die Reputation bei bestehenden und vor allem potenziellen Mandanten ein. Auch hier stehen Experteninterviews, Wissensvermittlung und Fallstudien im Mittelpunkt. Die Balance zwischen Fachwissen und Allgemeinverständlichkeit sichert dem jeweiligen Podcast eine treue Hörerschaft. Trockene Materie wird für den Hörer lebendig und greifbar. Ein komplexes Audit mit all seinen Herausforderungen kann durchaus spannend und unterhaltsam erklärt werden. Ebenso Beratungsmandate rund um Change

Management und Digitalisierung. Auch Best Cases für innovative Unternehmenskulturen können spannende Themen sein.

> Bei **Steuerberatungsgesellschaften** steht häufig die Spezialisierung auf bestimmte Fachgebiete im Vordergrund der Marketingaktivitäten. Denn die Mandanten wissen um den großen Gestaltungsspielraum und die Komplexität der Steuerwelt, gerade wenn Auslandsaktivitäten ins Spiel kommen oder sich Konzernstrukturen durch Fusionen oder Übernahmen verändern. Aber auch das Vertrauen in den Steuerberater, die menschliche Seite, steht hoch im Kurs. Mandantenbriefe zu Steuerrechtsänderungen befriedigen das berechtigte Informationsbedürfnis nicht, ebenso wenig wieden Wunsch, die komplexe Materie ausreichend zu verstehen. Denn am Ende unterschreibt immer der Mandant seine Steuererklärung – oft mit weitreichenden Folgen. Steuerberater mit besonderen Fachkompetenzen oder Erfahrungen aus spannenden Mandaten können ebenso wie Rechtsanwälte problemlos viele Folgen eines Corporate Podcasts mit spannenden Inhalten füllen.

Strategie-Tipps

Für Podcasts von professionellen Dienstleistern werden häufig weitere externe Experten als Gäste eingeladen und eigene Mandanten, die ihre Erfahrungen aus erster Hand weitergeben. Die Inhalte sollten praxisnah und für die Zielgruppe relevant sein. Die beste Strategie zur Einhaltung des Berufsrechts ist eine proaktive. Ein vorheriger „Legal Review" nach dem 4-Ohren-Prinzip ist vor der Veröffentlichung jeder Folge empfehlenswert und dient gleichzeitig der Qualitätssicherung.

Auch Transparenz gegenüber dem Auditorium – etwa durch einen Disclaimer bei der Moderation – kann hilfreich sein. Dies betrifft vor allem die redaktionelle Unabhängigkeit der bereitgestellten Informationen. Ein Podcast unterliegt auch keinen anderen oder strengeren Auflagen als andere Publikationen. Dies lässt sich gut mit anderen Maßnahmen vergleichen: Der eigene Newsletter oder ein Gastbeitrag in einer Fachzeitschrift? Ein Kundentag im eigenen Haus oder ein Vortrag bzw. die Teilnahme an einer Podiumsdiskussion auf einem Fachkongress? Auch bei Podcasts haben Sie die Wahl, ob Sie Herausgeber oder eher Sponsor sind. Wichtig ist vor allem bei professionellen Anbietern, die einem Standesrecht unterliegen, dass eine entsprechende Kennzeichnung erfolgt. Das ist aber auch in Ihrem Interesse – schließlich wollen Sie, dass der hochwertige Corporate Podcast zu Ihrem Image bei Kunden oder Interessenten beiträgt.

Eine zunehmend beliebte Strategie großer Anwaltskanzleien, Wirtschaftsprüfer und Unternehmensberatungen ist es, als exklusiver Sponsor eines qualitativ hochwertigen, aber redaktionell unabhängigen Podcasts aufzutreten. Die Frage der Einflussnahme erfordert hier Transparenz. Die redaktionelle Unabhängigkeit des Podcasts sollte jederzeit gewährleistet sein, um nicht den Anschein von Manipulation oder Irreführung zu erwecken. Ein klar formulierter Vertrag mit dem Podcast-Dienstleister, der die Grenzen der Einflussnahme definiert, ist ratsam. Es gilt, die Integrität des Podcasts zu wahren und subtil vorzugehen. Es spricht nichts dagegen, den Themenplan des von Ihnen gesponserten Podcasts in einem kreativen Brainstorming mit Ihnen abzustimmen. Sie können auch regelmäßig als fachlicher Berater mit eigenen Experten an den Talks teilnehmen und den Podcast mit Ihrer Expertise aufwerten.

Vermeiden Sie jedoch Beiträge, die als direkte Verkaufsförderung für eigene Dienstleistungen verstanden werden könnten. Im Zusammenspiel mit einem redaktionell erfahrenen Produktionspartner und einem geeigneten Moderator kann das Sponsoring eines redaktionell unabhängigen Podcasts für Sie eine attraktive Möglichkeit sein, Ihre Reichweite zu erhöhen, ohne direkt in die Content-Produktion einsteigen zu müssen. Als Initiator und gleichzeitig exklusiver Sponsor mit Logo auf dem Podcast-Cover und Nennung im Outro nutzen Sie alle Vorteile des inhaltlich hochwertigen Formats und können den Podcast auch auf Ihren anderen Kanälen sichtbar machen. Auch das Aufgreifen und Weiterführen von Themen in Form von Whitepapers oder Webinaren ist möglich. Solange Sie den Podcast als Content-Dienst und Wissensplattform verstehen, wird er zu einem Gewinn für Ihre Kommunikationsarbeit.

Podcasts im öffentlichen Bereich

Content Marketing und glaubwürdiges Storytelling werden für Ämter und Behörden und öffentliche Institutionen bis hin zu Regierungen und Parteien immer wichtiger. Damit werden auch Corporate Podcasts im öffentlichen Sektor interessant, um Bürgerinnen und Bürger effektiv zu erreichen, zu informieren und zu beteiligen. In einer Zeit, in der Social Media die Kommunikation dominieren und oft mit einer Flut von Desinformation einhergehen, bieten Podcasts eine differenzierte, fokussierte und oft persönlichere Form der Kommunikation. Der öffentliche Sektor ist ein Bereich, in dem Storytelling nicht nur der Informationsvermittlung, sondern auch der Vertrauensbildung dient. Und was eignet sich besser zum Erzählen als ein Medium, das direkt ins Ohr geht? Ministerien, Behörden, Ämter und Parteien haben ein breites Spektrum an Botschaften zu vermitteln, von komplexen politischen Tagesordnungspunkten bis hin zu einfachen Serviceangeboten. Content Marketing ermöglicht es, diese Botschaften so zu verpacken, dass sie relevant und ansprechend sind, und bietet gleichzeitig die Möglichkeit, mit den Bürgern in einen Dialog zu treten.

Öffentliche Verwaltungen und Institutionen haben die Aufgabe, das Gemeinwohl zu fördern. Daher zielt Storytelling hier darauf ab, transparent zu informieren, aufzuklären und Engagement zu fördern. Es hat das Potenzial, die Beziehung zwischen Bürgern und öffentlichen Institutionen auf eine neue, persönlichere Ebene zu heben. Podcasts sind dafür ein besonders effektives Medium, das es ermöglicht, komplexe Themen in einer zugänglichen und ansprechenden Form zu präsentieren.

Ein Corporate Podcast für politische Organisationen bewegt sich jedoch oft auf einem schmalen Grat zwischen Information und Propaganda. Eine Offenlegung der Interessen ist daher unerlässlich. Wer steht hinter dem Podcast? Welche Ziele werden verfolgt? Diese Fragen müssen klar beantwortet werden. Ein transparenter Umgang mit diesen Informationen stärkt das Vertrauen der Hörer und gibt dem Podcast eine glaubwürdige Basis.

Der Dialog mit der Zielgruppe ist zentraler Bestandteil eines jeden Podcasts. Dabei wird man nicht nur auf Zustimmung stoßen. Kritik und Feedback, auch negatives, müssen ernst genommen werden. Wie öffentliche Institutionen, Behörden und politische Organisationen damit umgehen, ist ein Gradmesser für die Qualität ihres Engagements. Ein wertschätzender Umgang mit Kritik und das aktive Einholen von Feedback können das öffentliche Ansehen der jeweiligen Organisation positiv beeinflussen. Zudem ist das Publikum deutlich breiter geworden: Es reicht von jungen Erwachsenen bis zu Seniorinnen und Senioren, von Fachleuten bis zu Laien. Dies erfordert eine besondere Sensibilität und Vielfalt im inhaltlichen Angebot.

Hinweise für Podcasts öffentlicher Einrichtungen

Grundsätzlich gelten für Podcasts von Institutionen, Behörden und Ministerien die gleichen Spielregeln wie für Pressemitteilungen und andere offizielle, amtliche Verlautbarungen:

Es gilt das Gebot der **staatlichen Neutralität**. Denn der politische Willensbildungsprozess ist nicht auf Wahlkämpfe beschränkt, sondern findet kontinuierlich statt. Die chancengleiche Teilhabe an der politischen Willensbildung des Volkes gebietet es, dass die Staatsorgane im politischen Wettbewerb der Parteien Neutralität wahren. Die Staatsorgane haben als solche allen zu dienen und sich neutral zu verhalten. Der Podcast eines Ministeriums ist daher selbstverständlich kein Marketingkanal der Partei des Ministers. Anders als Parteien, die politisch klar positioniert sind, müssen Ministerien und andere staatliche Organisationen daher darauf achten, dass ihre Kommunikation nicht als parteiisch wahrgenommen wird. Das bedeutet, dass in einem Podcast nicht nur sachlich über ein Thema berichtet werden muss, sondern auch verschiedene Perspektiven und Standpunkte dargestellt werden müssen, um ein ausgewogenes Bild zu vermitteln.

Ebenso wichtig wie die Neutralität ist die **Informationspflicht**. Ministerien haben die Aufgabe, die Öffentlichkeit objektiv zu informieren. Dabei muss **Transparenz** im Umgang mit Daten, Fakten und Statistiken gewährleistet sein. Ein Corporate Podcast eines Ministeriums muss daher präzise und transparent sein und die Quellen der präsentierten Informationen müssen klar erkennbar sein. Die Kommunikationsverantwortlichen im öffentlichen Sektor sind sich dessen bewusst und planen Themen und inhaltliche Ausrichtung entsprechend. Dennoch ist eine Verankerung dieser Grundsätze im strategischen Konzept des Podcasts hilfreich, ein regelmäßiges Briefing der Gäste sinnvoll und eine entsprechende Qualitätssicherung der Episoden notwendig. Häufig wird daher mit einem externen Produktionspartner zusammengearbeitet, dessen Aufgabe nicht nur in der professionellen technischen Unterstützung, sondern auch in der laufenden Kontrolle der Einhaltung der vorgegebenen Neutralitätskriterien liegt.

Beispiele für Podcasts in öffentlichen Bereichen

Die folgenden Praxisbeispiele und Ideen zeigen das breite Einsatzspektrum von Podcasts in öffentlichen Institutionen und im politischen Raum:

- **Ministerien**: Ein Umweltministerium startet einen Podcast, der komplexe Themen wie Klimawandel und Nachhaltigkeit in einfachen Worten erklärt. Mit Geschichten von Menschen, die sich für den Umweltschutz einsetzen, zeigt die Serie, wie jeder Einzelne einen Beitrag leisten kann. Das Wirtschafts-, Verkehrs- oder Digitalministerium macht in seinem Podcast die vielfältigen Aspekte der Digitalisierung anschaulich und verständlich. Und das Gesundheitsministerium nutzt den Podcast als wichtiges Instrument der Informationsverbreitung in Krisenzeiten, um in der Verwirrung und Unsicherheit einer Pandemie klare und verlässliche Informationen zu liefern. Keine unbekannten Szenarien. Bezogen auf einen Podcast zur Digitalisierung würde das zuständige Ministerium zunächst klare Informationsziele definieren, z. B. die Sensibilisierung der breiten Bevölkerung für Themen wie Digitalisierung, Cybersicherheit und künstliche Intelligenz. Dabei geht es sowohl um die Steigerung der öffentlichen Anerkennung der Arbeit des Ministeriums als auch um die Sensibilisierung für digitale Themen und die Förderung der digitalen Bildung. Entsprechend werden auch Erfolgskriterien definiert und überprüft.

- **Behörden und Ämter:** Bei Behörden und Ämtern steht häufig der Bürgerservice im Vordergrund, da die meisten Menschen mit Behörden und Ämtern in Kontakt treten, wenn sie eine Dienstleistung benötigen. Ein Corporate Podcast dient hier als ergänzendes Informationsmedium, das Abläufe erklärt und Tipps für den Umgang mit der Verwaltung gibt. So kann der mehrsprachige Podcast einer Ausländerbehörde nicht nur die Kommunikation mit einer vielfältigen Zielgruppe verbessern, sondern auch wertvolle interkulturelle Einblicke liefern. Auch ein Finanzamt kann zum Podcaster werden, denn Finanzen und Steuern sind komplex und Ziel ist es, die steuerliche Bildung der Bevölkerung zu fördern und gleichzeitig den eigenen Service zu verbessern. Spannend ist auch ein Podcast-Projekt für städtische Verkehrsbetriebe. Hier werden Geschichten von Busfahrern, Mechanikern und Fahrgästen erzählt, die Einblicke in die komplexen Abläufe eines öffentlichen Verkehrssystems geben und so Verständnis und Wertschätzung für diese Dienstleistung fördern.

- **Politische Parteien:** Politische Parteien befinden sich ständig im Wahlkampf und im Wettbewerb, innerhalb der eigenen Partei und mit politischen Konkurrenten oder Gegnern. Seit Jahren ist zu beobachten, dass einzelne Politiker Social Media, Content Marketing und Storytelling im Wahlkampf für sich nutzen. Im internationalen Vergleich waren die deutschen Parteien dagegen wenig innovativ und setzten eher auf altbekannte Kommunikationskanäle wie Plakate, TV-Spots oder Wahlkampfstände in der Fußgängerzone. Spätestens seit der Bundestagswahl 2021 gehört dies der Vergangenheit an. Das Internet und andere digitale Dialogkanäle werden von den Parteien inzwischen mehr oder weniger intensiv genutzt. Großer Nachholbedarf besteht jedoch bei der Nutzung von Podcasts! Denn dieses Medium nutzt die ganze Kunst des Storytelling, um den Bürgern Wahlprogramme und politische Ideen näher zu bringen. Durch Interviews mit Kandidaten, Diskussionen von Fallbeispielen und Erklärungen von politischen Prozessen sollte versucht werden, die Distanz zwischen Wählern und Politikern zu verringern. Eine kleine Oppositionspartei kann so trotz geringer Ressourcen eine enorme Reichweite erzielen. Durch geschicktes Storytelling und geschickte Themenwahl kann es gelingen, die Botschaften der Partei weit über die eigenen Reihen hinaus zu tragen. Im Gegensatz dazu steht der Podcast eines etablierten Politikers. Dieser konzentriert sich darauf, die Persönlichkeit hinter dem Politiker vorzustellen und so einen persönlicheren Bezug zum Wähler herzustellen. Hier tritt die Partei etwas in den Hintergrund und der prominente Politiker übernimmt die Rolle des Influencers. Auch die Jugendorganisationen der Parteien, die bisher sehr stark auf Videoformate setzen, könnten in Zukunft verstärkt Podcasts nutzen. Denn junge Menschen sind oft schwer für Politik zu begeistern. Mit einem frischen und unkonventionellen Podcast-Format, das komplexe politische Sachverhalte spannend, authentisch und aus der Sicht junger Menschen aufbereitet, fällt dies deutlich leichter. Besonders wichtig ist dabei der Rückkanal, also die Einbettung des Podcasts in eine dialogorientierte Kampagne, bei der der inhaltliche Austausch mit der Zielgruppe auch wirklich gewünscht ist. Die Themen sind vielfältig und reichen von Klimawandel über Bildung bis hin zu Gleichberechtigung. Je „unzensierter" im Sinne eines ehrlichen Interesses am Meinungsaustausch diskutiert wird, desto attraktiver heben sich Podcast-Talks von klassischen Formaten ab. Und gerade im Audioformat geht es um die Kraft des Wortes, um Argumente und Informationen.

Diese drei Einblicke in die Nutzung von Podcasts für Storytelling im öffentlichen Sektor stehen natürlich stellvertretend für eine Vielzahl weiterer öffentlicher Institutionen und möglicher Initiatoren und Herausgeber eines spannenden Corporate Podcasts. Alle Tipps und Vorgehensweisen in diesem Buch gelten für Behörden, Institutionen und Politiker ebenso wie für Unternehmen und Verbände. Lediglich die grundsätzliche Empfehlung, bei Podcasts möglichst eine ganz konkrete Zielgruppe anzusprechen, kann bei Podcast-Projekten von Behörden und Institutionen abweichen, wenn es um Themen geht, die für die gesamte Bevölkerung interessant und wichtig sind – wie in den Beispielen die Themen Digitalisierung, Pandemiebekämpfung oder Umweltschutz.

Podcasts für Personenmarken

Podcasts erfreuen sich bei Personenmarken großer Beliebtheit und haben einen hohen Wirkungsgrad. In Zeiten der Aufmerksamkeitsökonomie, in denen wir immer stärker um die Aufmerksamkeit unserer Zielgruppen kämpfen müssen, gewinnt die Personenmarke zunehmend an Bedeutung.

Doch wer oder was ist eigentlich eine Personenmarke? Der Begriff umfasst ein breites Spektrum von Personen: Coaches, Trainer, Künstler, Sportler, Unternehmer, Politiker und viele mehr. Sie alle nutzen Storytelling und Content Marketing, um sich in der Öffentlichkeit wirkungsvoll zu positionieren. Und genau dabei können Podcasts helfen. Dieses Segment gehört auch zum Komplex der Corporate Podcasts, denn auch bei Personenmarken geht es um Business und Geschäftserfolg.

Beispiele für Podcasts von Personenmarken

Die folgenden Beispiele zeigen, dass die Bedeutung von Storytelling und Content Marketing für die Entwicklung und Pflege einer Personenmarke nicht zu unterschätzen ist. Im digitalen Zeitalter sind die Möglichkeiten der Selbstvermarktung und Positionierung vielfältiger denn je. Eines der wirkungsvollsten Instrumente ist das Podcasting: wegen der persönlichen Nähe durch die Stimme, dem Aufbau einer Community und der Positionierung als Thought Leader. Die menschliche Stimme ist ein mächtiges Instrument der emotionalen Bindung. Sie vermittelt Authentizität und schafft eine intime Atmosphäre, die rein textbasierten Formaten oft fehlt. Wenn beispielsweise die bekannte Modeberaterin in ihrem Podcast über die Bedeutung der Farbwahl bei der Kleidung spricht, verleiht ihre Stimme der Botschaft zusätzliches Gewicht. Die Zuhörer haben das Gefühl, mit ihr in einem Raum zu sitzen und ihre ungeteilte Aufmerksamkeit zu haben. Diese Art von Nähe ist in der digitalen Welt selten geworden und bietet daher einen unschätzbaren Mehrwert.

> **Coaches und Trainer** zielen darauf ab, ihr Fachwissen und ihre Methoden zu vermitteln und damit Probleme ihrer Kunden zu lösen. Hier ist es besonders wichtig, Vertrauen aufzubauen. Und wie kann das besser gelingen als durch Storytelling? Ein Coach kann beispielsweise seine eigene Geschichte erzählen, wie er Schwierigkeiten überwunden hat, um Empathie und Glaubwürdigkeit zu erzeugen. Das Hauptziel im Marketing für Coaches und Trainer ist häufig die Generierung von Leads und die Kundenbindung. Wir alle kennen die großen Namen erfolgreicher Coaches und Verkaufstrainer, von Hermann Scherer über Tobias Beck, beide auch GABAL-Autoren, bis hin zu Dirk Kreuter. Gemeinsam ist ihnen, dass sie das Potenzial von Podcasts schon sehr früh entdeckt haben und mittlerweile jeweils

auf Hunderte von veröffentlichten Episoden zurückblicken können. Nicht jede dieser Episoden entspricht den Empfehlungen, die ich in dem Buch gemacht habe, das Sie gerade in den Händen halten. Oft dominiert das Konzept des Audio-Blogs mit einer möglichst hohen Veröffentlichungsfrequenz, auch auf Kosten der Produktionsqualität. Das ist aber durchaus gerechtfertigt, denn für Personenmarken gelten andere Spielregeln als für Unternehmen. Nähe ist für die Follower wichtig und das kann auch mal ein Podcast sein, der auf einer Veranstaltung, am Flughafen oder im Zug nur mit dem Smartphone aufgenommen wurde. Ausnahmen bestätigen die Regel, wie man so schön sagt. Das ändert nichts daran, dass die Audioqualität und eine professionelle Produktion von Corporate Podcasts elementar wichtig sind. Doch gerade für Erfolgstrainer steht das „Machen" im Vordergrund. Sie wollen vermitteln, dass es auf die Umsetzung ankommt – auch wenn nicht immer alles perfekt ist. Das Image des Machers und die Authentizität sind für diese Personenmarken wichtiger als eine perfekte Produktion. Dies fällt umso leichter, wenn man bereits etabliert ist und viele Follower hat. Für Newcomer kann dies auch ein Risiko darstellen, da sie sich erst ein Image aufbauen müssen. Und dafür sollten sie besonders auf eine überzeugende Qualität ihres Podcasts achten. Inhaltlich und klanglich.

- **Künstler**, ob Musiker, Maler oder Schauspieler, streben nach Ausdruck und Anerkennung. Sie nutzen Content Marketing, um ihre Werke einem breiten Publikum zu präsentieren und ihr künstlerisches Profil zu schärfen. Das Marketingziel ist dabei meist die Steigerung des Bekanntheitsgrades und der Verkauf von Werken oder Eintrittskarten. Ein Musiker könnte beispielsweise in seinem Podcast die Hörer am Tourleben hinter den Kulissen oder am Entstehungsprozess eines neuen Albums im Studio teilhaben lassen. Interessanterweise gibt es zwar eine Flut von Podcast-Produktionen von TV-Sendern und Radiostationen, in denen Künstler die Protagonisten sind. Aber eigene Podcasts von Künstlern, verglichen mit den hyperaktiven Coaches, sind im deutschsprachigen Raum noch eine Seltenheit, auch in unserer Beratungsarbeit. Ich würde mich daher sehr freuen, wenn dieses Buch hier einen Anstoß gibt und wir in Zukunft mehr gute „Corporate"-Podcasts von Künstlerinnen und Künstlern sehen.

- Auch **Sportler** sind Personenmarken, die ihre Leistungen und ihren Lebensstil vermarkten. Sportlerinnen und Sportler nutzen häufig Social Media, um ihre Trainingsfortschritte, Wettkampferlebnisse und Lifestyle-Entscheidungen zu teilen. Das primäre Ziel ist dabei oft der Aufbau einer Fangemeinde und die Gewinnung von Sponsoren. Natürlich sind auch Fotos und Videos vom Training oder Wettkampf wertvoll und wichtig. Aber kein rasantes YouTube-Video und keine dramatische Fotostrecke auf Instagram kann die Authentizität und Nähe eines Podcasts ersetzen. Gerade bei aktiven Sportlern geht es nicht um ein Entweder-oder, sondern der Podcast zeigt ergänzend den Menschen hinter all den Höchstleistungen. Hier ist es, anders als bei den Trainern, extrem wichtig, auf eine sehr hochwertige und professionelle Produktion zu achten und sich Unterstützung bei der Umsetzung zu suchen, damit die notwendigen Arbeitsschritte nicht zulasten des Trainings- und Wettkampfalltags gehen. Die Sportler, die ich in Workshops oder Beratungen treffe, haben oft das Gefühl, während ihrer aktiven Zeit vor allem „starke Bilder" für ihre Sponsoren produzieren zu müssen, und sehen einen Podcast eher als attraktives Medium für die Zeit nach der Karriere. Meine Antwort lautet: Irrtum! Ein Videokanal und auch Fotowelten leben von aktiven Actionbildern und lassen sich nach dem Karriereende nur schwer weiterführen. Damit fehlt dann auch die selbst produzierte Sichtbarkeit für die weitere Zusammenarbeit mit Sponsoren. Auch ein Podcast, der eine hohe Abonnentenzahl aus der Fangemeinde aufbaut, kann interessante und spannende Einblicke geben, wie der Sportler über seine Zukunft nach dem Sport denkt und wie der Übergang gelingt. Hier kann das Medium nahtlos anknüpfen. Ein klares Plus und Argument für den eigenen Podcast als Sportpersonenmarke!

▷ **Unternehmer, insbesondere aus der Start-up-Szene**, nutzen Content Marketing, um ihre Geschäftsideen vorzustellen und Investoren zu gewinnen. Sie erzählen die Geschichte ihrer Unternehmensgründung und teilen ihre Visionen, um Vertrauen und Glaubwürdigkeit zu schaffen. Der Fokus liegt hier auf der Generierung von Investitionen und der Etablierung der eigenen Marke. Auch in dieser Gruppe steht Video meist hoch im Kurs, und manchmal hat man das Gefühl, dass die eigene Faszination für visuell beeindruckende Videos das strategische Storytelling überlagert. So aber gelingt der Auf- und Ausbau einer Personenmarke nicht, weil die Zielgruppe hinter „hollywoodartigen" Videos immer helfende Profis vermutet. Bei einem überzeugenden Podcast fragt aber kein Hörer, welcher Tontechniker oder welches Studio geholfen hat. Die Aufmerksamkeit gilt allein dem Protagonisten und nicht den Spezialeffekten, auch wenn es die bei Audio-Medien genauso gibt. Ein Podcast, der hautnah und authentisch Einblicke in die Suche von Start-up-Gründern nach Produktideen, Finanzierungsrunden und Vertriebspartnern gibt, kann den Unternehmer zu einer echten Personenmarke machen und gleichzeitig Mitarbeiter und Investoren anziehen. Darüber hinaus sollte man nie vergessen, dass auch Journalisten gerne Podcasts hören, sei es privat oder gezielt zu Recherchezwecken. So kann eine spannende Episode schnell weitere positive PR und Berichterstattung nach sich ziehen. Bei einem Gründer akzeptieren die Hörerinnen und Hörer auch eine charmante Unvollkommenheit. Klingt das widersprüchlich? Damit meine ich nicht einen amateurhaft produzierten Podcast mit schlechter Tonqualität, sondern das bewusste Spiel mit der Start-up-Realität – zum Beispiel das Arbeiten in Co-Working-Spaces. Dann darf diese authentische „Atmo" durchaus dramaturgisch genutzt werden.

▸ **Politiker** sind auch Personenmarken und nutzen Storytelling, um ihre politischen Botschaften und Visionen glaubwürdig zu vermitteln. Sie setzen verstärkt auf Social Media und manchmal auch auf Bücher, um ihre Persönlichkeit und ihre Politik den Wählern näher zu bringen. Podcasts werden noch zu selten genutzt, da man meint, eher das Gesicht als die Stimme in den Köpfen der potenziellen Wähler verankern zu müssen. Das hat im klassischen Wahlkampf mit seiner Plakatflut auch seine Berechtigung. Die eigene Sichtbarkeit und das eigene Image entstehen aber nicht nur im Wahlkampf. Sobald es um die Vermittlung der eigenen Arbeit an die Wählerinnen und Wähler und um komplexe Sachverhalte geht, reichen weder Bilder noch Social-Media-Posts oder knappe Statements in den klassischen Medien aus. Marketingziele sind die Steigerung der Wählerstimmen und die Förderung des bürgerschaftlichen Engagements. Dazu müssen sich Politikerinnen und Politiker nicht nur inhaltlich erklären, sondern auch als Person greifbar machen. Die Rede ist dabei ein wichtiges Instrument. Am Rednerpult im Parlament, auf der Pressekonferenz oder beim kurzen O-Ton auf der Straße klingen Politikerinnen und Politiker oft schrill, aggressiv, defensiv oder wie Phrasendrescher, weil sie gelernt haben, dass die aktuelle Botschaft kurz sein und möglichst oft wiederholt werden muss. Es fehlt dann die Möglichkeit, Kompetenz, Tiefe und Verständnis für die Bürgerinnen und Bürger zu zeigen und Sympathien zu gewinnen. Der Goldstandard aus Sicht erfahrener Politiker sind daher Talkshow-Auftritte mit mehr Redezeit. Diese stehen aber meist nur Spitzenpolitikern offen und haben einen weiteren Nachteil: Die anderen Gäste, die ebenso aufmerksamkeitsgeil sind, verhindern längere Gedankengänge und die Moderatorinnen und Moderatoren tragen ebenfalls dazu bei, dass nicht eine Sichtweise viel Raum bekommt, sondern eine muntere Diskussion mit meist wenig Tiefgang entsteht.

Ich bin daher der festen Überzeugung, dass eigentlich jeder Abgeordnete seinen eigenen, persönlichen Podcast gut gebrauchen könnte. Natürlich ist es im stressigen Politikalltag auch sinnvoll, sich bei bestimmten Arbeitsschritten der Podcast-Produktion unterstützen zu lassen. Aber in jedem Fall bleibt die Stimme am Mikrofon, bleibt die Nähe und Authentizität. Ganz anders als bei Social-Media-Posts, bei denen – nicht nur beim momentanen Oppositionsführer Friedrich Merz – oft ein Team schreibt und das sogar mit einem Kürzel kenntlich macht. Bundesgesundheitsminister Karl Lauterbach schreibt selbst in seinem Profil auf „X", dass er auch selbst twittert. Bei einem Podcast bräuchte man das nicht zu betonen. Aber natürlich erfordert eine längere Podcast-Episode auch viel inhaltliche Vorbereitung und ist nicht mit einer Rede im Plenum zu vergleichen. Die Hörerinnen und Hörer wollen kein „Hörbuch", in dem Politiker Texte ihres Teams oder ihrer Redenschreiber vorlesen, sondern echte Gedanken und Überlegungen des jeweiligen Amtsträgers oder Politikers. Hier liegen große Chancen, aber auch einige Herausforderungen. Ein sehr künstlich wirkender Video-Podcast aus dem Kanzleramt, wie ihn Angela Merkel etabliert hat, kann ebenso wenig Maßstab sein wie so mancher Podcast-Schnellschuss in Wahlkampfzeiten. Ein längerfristiges Konzept mit Liebe zum Detail verspricht aber enormes Potenzial zur Stärkung der politischen Personenmarke.

Podcasts bieten auch die Möglichkeit, eine engagierte und loyale Fangemeinde aufzubauen. Nehmen wir zum Beispiel einen Fitnesstrainer, der in seinem Podcast Tipps für eine ausgewogene Ernährung und ein effektives Training gibt. Durch den regelmäßigen Austausch in wöchentlichen Episoden entsteht ein Netzwerk von Gleichgesinnten, die sich gegenseitig unterstützen und motivieren. Der Trainer wird nicht nur als Experte wahrgenommen, sondern schafft eine Plattform, auf der sich Menschen austauschen und voneinander lernen können. Schließlich die Positionierung als Thought Leader. Durch den Podcast kann man seine Expertise in einem bestimmten Bereich zeigen und so zu einer Autorität auf diesem Gebiet werden. Eine Business-Coachin stellt mit ihrem Leadership-Podcast ihre Expertise im Bereich Unternehmensführung unter Beweis. Sie lädt regelmäßig Branchenexperten zu Interviews ein und diskutiert aktuelle Trends und Herausforderungen. Damit hat sie nicht nur ihre eigene Marke gestärkt, sondern sich auch als angesehene Persönlichkeit in ihrer Branche etabliert.

Alles in allem bieten Podcasts für Personenmarken eine einzigartige Möglichkeit, sich selbst zu präsentieren, eine enge Bindung zur Zielgruppe aufzubauen und die eigene Position als Fachexperte zu festigen. Diese Alchemie macht Podcasting zu einem unverzichtbaren Werkzeug im Arsenal moderner Selbstvermarkter. Das Wort klingt nicht gerade edel. Aber seien wir ehrlich: Personenmarken leben von der Selbstvermarktung. Und Podcasts von starken Geschichten, die interessante Persönlichkeiten erzählen.

Nachwort

Wir alle haben schon so manchen Trend und Hype erlebt und auch so manche Social-Media- und Kommunikationsplattform, die trotz stolzer weltweiter Nutzerzahlen nicht überlebt hat oder nur noch ein Schattendasein fristet. „Clubhouse" oder „Second Life" sind nur zwei Beispiele. Podcasts sind aber keine kurzfristige Modeerscheinung. Sie haben sich als Mediengattung etabliert und sind – richtig eingesetzt – auch für Unternehmen eine erfolgversprechende Möglichkeit des Storytelling.

Mit diesem Buch haben Sie wertvolles Wissen an der Hand, um das Instrument „Corporate Podcast" auch für Ihr Unternehmen effizient und erfolgreich einzusetzen! Ich habe in den letzten Jahren Hunderte von Podcast-Episoden moderiert, zahlreiche Podcast-Formate entwickelt und produziert sowie Kommunikatoren und Entscheider auf Unternehmensseite strategisch beraten. Und vor diesem Hintergrund motiviere ich Sie mit Überzeugung, jetzt den nächsten Schritt zu gehen. Nehmen Sie sich nach dem Lesen Zeit für die multimedialen Zusatzinhalte. Es lohnt sich! Eine Übersicht finden Sie auf den folgenden Seiten. Podcasting macht Spaß und erreicht Ihre Zielgruppe wie kaum ein anderes Medium oder Kommunikationsinstrument. Natürlich mit starken Inhalten, aber auch mit der Kraft der Stimme. Und ohne lästige Ablenkung.

Herzlichst,
Ihr Oliver Schwartz

VIDEO:
Jetzt heißt es loslegen! Tipps für die nächsten Schritte auf Ihrem Weg zum Corporate Podcast.

Danke

Mein Dank gilt …

Patrick Piecha
Kim Zulauf
Dennis Späth
Constanze Elter
Leif Erichsen

… für ihre Impulsbeiträge. Besuchen Sie die vorgestellten Corporate Podcasts. Es lohnt sich!

Bedanken möchte ich mich auch bei meinem Team: Mit Vanessa Seifert, Anja-Katharina Eschen und weiteren engagierten Kolleginnen und Kollegen konnte ich über die Jahre viele tolle Podcast-Projekte mit Hunderten von Episoden realisieren. Vielen dieser Podcasts habe ich auch meine Stimme als Moderator geliehen. Auch für dieses Vertrauen möchte ich mich bei den Kundinnen und Kunden bedanken.

Seit mehr als 150 Folgen begrüße ich jede Woche die Hörerinnen und Hörer des journalistischen Zeitgeist-Podcasts „Turtlezone Tiny Talks". Meinem Co-Moderator Dr. Michael Gebert sage ich Danke für die vielen tollen Themen und gemeinsamen Podcast-Debatten.

Dem GABAL-Team danke ich für die engagierte Unterstützung dieses Buchprojekts. Insbesondere meiner Lektorin Anja Hilgarth, die mir immer mit wertvollen Impulsen als Sparringspartnerin zur Seite stand.

Digitaler Content im Überblick

Video

Lernen Sie den Autor Oliver Schwartz und das multimediale Konzept dieses Buchs kennen.

Der Podcast-Markt und Beispiele für erfolgreiche Corporate Podcasts.

Podcasting im Vergleich mit anderen Werkzeugen für das Storytelling.

Die verschiedenen Formate für Corporate Podcasts.

Die optimale Veröffentlichungsfrequenz identifizieren.

Die redaktionelle Planung Ihres Corporate Podcasts richtig angehen.

 Die klare Zielgruppe nicht aus den Augen verlieren. Ihr Podcast ist keine Universalwaffe.

 Ziele, Erfolge und Erwartungsmanagement: So entwickeln Sie ein adäquates Reporting.

 Vielen Corporate Podcasts fehlt eine verlässliche Ressourcenplanung. So geht es!

 Woran Sie bei der Ressourcenplanung unbedingt denken sollten.

 Die Unterschiede zwischen einem Studio- und einem Remote-Setup.

 Die Vorbereitung der Aufnahme und das richtige Einpegeln.

 Die Mehrspuraufnahme und was es dabei zu beachten gilt.

 Akustische Zusammenhänge und empfohlene Maßnahmen einfach erklärt.

 Der Schnitt, die akustische Bereinigung und Normalisierung der Aufnahme.

 Audio-Rekorder – die wichtigsten Spezifikationen und Funktionen für Podcaster erklärt.

 Audio-Interfaces – wie sie funktionieren und worauf Sie beim Kauf achten sollten.

 Mischpulte – im praktischen Podcast-Einsatz erklärt. Features, Setup und Einstellungen.

 Mikrofone – die unterschiedlichen Mikrofon-Typen und ihre Vor- und Nachteile verstehen.

 Kompakte Mikrofonvorverstärker erklärt: Funktionsweise und Nutzen.

Ein Blick in den Studio-Fundus: wichtiges und nützliches Equipment.

Kopfhörer ist nicht gleich Kopfhörer. Worauf es bei Aufnahme und Bearbeitung ankommt.

So verbessern Sie die Akustik Ihres geplanten Aufnahmeraums mit mobilen Elementen.

Wie der Schutz Ihres Equipments stationär und beim Transport gelingt.

Welcher PC oder Mac ist der richtige für das Podcasting? Wertvolle Praxis-Tipps.

Was einen Studio-Monitor auszeichnet, warum das wichtig ist und welche Anschlüsse es braucht.

Audio DAW für Podcast-Recording, Schnitt und Mastering. Ein Überblick.

 Die wichtigsten Audio-Plug-ins für Podcaster und wie man sie einsetzt.

 Live-Demo Remote-Recording. Technik-Prinzip und Einsatz erklärt.

 Veröffentlichungsstrategie für Corporate Podcasts.

 So funktioniert Podcast-Hosting. Ein Blick auf die typischen Schritte der Veröffentlichung.

 Das Hosting, der RSS-Feed, Podcast-Plattformen und Podcast-Player.

 Jetzt heißt es loslegen! Tipps für die nächsten Schritte auf Ihrem Weg zum Corporate Podcast.

Audio

 Oliver Schwartz über die Stärken von Podcasts und intensive Aufmerksamkeit ohne Ablenkung.

 Podcasten wie ein Profi heißt von Profis lernen. Tipps und Tricks.

 Wichtige Akustik-Grundlagen hören und verstehen. Hör-Beispiele aus der Praxis.

 Die Hörerinnen und Hörer mit gutem Sound fesseln: die Basis für erfolgreiches Storytelling.

 Hörbeispiele von der Rohaufnahme bis hin zur fertigen Masterdatei.

 Mikrofone – die Unterschiede in der Praxis hören. Demo-Aufnahmen aus dem Studio.

Hören Sie die Soundveränderung durch den Einsatz wichtiger Plug-ins.

Auphonic AutoEQ, Filtering und Lautheits-Normalisierung im Einsatz anhören.

Begleitende Marketing- & PR-Arbeit sowie wertvolle Synergien.

Dokumente, Vorlagen und Checklisten

Checkliste: Struktur und roter Faden für Ihren Strategie-Workshop.

Dokumenten-Vorlage für Ihre Redaktionsplanung.

Praxis-Beispiel eines aussagekräftigen Reportings für Ihren Corporate Podcast.

 Prüfen und bewerten Sie mithilfe dieser Checkliste Ihre Ressourcen.

 Alle technischen Spezifikationen für Aufnahme und Mastering Ihres Podcasts.

 Produktionsbegleitende Checkliste zur Kontrolle aller Arbeitsschritte.

Sachwortregister

Abhör-Lautsprecher 88
Abtastrate 75
Adam Curry 14
Akustik 66
Akustikbilder 69
Akustik-Material 86
Akustik-Trennwände 69
Apple 14
Audio Case Study 143
Audio DAW 89
Audio-Interface 81
Audio-Rekorder 80
Aufnahmepegel 64
Aufzeichnung 62

Bitrate 75
Broadcast-Mikrofon 67
Budgetplanung 46

Clipping 65
Computer 87
Content Repurposing 143

Dave Winer 14
db-Werte 74
DeReverb-Plug-in 91
Do-it-yourself-Produktion 50
Dramaturgie 34
Dynamisches Broadcast-Mikrofon 83
Dynamisches Mikrofon 67

Effekte 73
Einpegeln 65
Erfolgskriterien von Podcasts 43
Erwartungshaltung 41

FAQ-Format 23
Feed-Adresse 101
Feed-Link 104
Feed-Reader 101
Feed-Server 104
Finanzplanung 47

Gesamtkostenbetrachtung 49
Großmembran-Kondensatormikrofon 67

Hybridlösung 63

Interview-Format 21

Klangverbesserer 69
Kondensator-Großmembran-Mikrofon 83
Kosten 47

Lautheit 75
Lautheits-Normalisierung 93
Lautheits-Prinzip 64
Lautheitswert 64
Lautstärke 64
Live-Format 23

Mehrspuraufnahme 65
Mikrofon 67
Mikrofonarm 84
Mischpult 49
Moderationskarten 59
Moderator 52
MP3 75

Nachbearbeitung 73
Nahfeld-Monitore 88
News-Format 21
Normalisierung 64

Outsourcing 48

Ploppschutz 68
Plug-ins 91
Podcast-Host 52
Podcast-Hosting 105
Podcast-Intro 74
Podcast-Moderation 51
Podcast-Outro 74
Podcast-Sponsoring 151
Podcast-Studio 68
Podigee 93, 104, 107
Probeaufnahmen 57

Redaktionsplan 30
Remote-Recording 62, 94
Reverb-Plug-in 91
RSS 14
RSS-Feed 104

Serien-Format 22

Sitzposition 57
Smartphone 79
Sprechtempo 59
Stimme 57
Storytelling 134
Storytelling-Format 22
Studio-Kopfhörer 85
Studio-Setting 62

Talent-Sourcing 46
Ton 64
Tonspuren 65, 73
Transportkoffer 87

Unterbrechung 60

Verantwortlichkeiten 34
Vocal-Channel-Strip 91
Vorgespräch 58

WAV-Datei 75
Wirkung von Podcasts 42

XLR-Anschluss 83

Zeitplan 34
Ziele 34
Zielgruppe 33, 38
Zielgruppenansprache 38

Über den Autor

Oliver Schwartz ist Experte für strategische Kommunikation und Podcast-Produzent. Seine berufliche Laufbahn begann er als Journalist.

Als Manager und Unternehmenssprecher in börsennotierten Unternehmen, internationalen Hightech-Konzernen, mittelständischen Unternehmen und ambitionierten Start-ups verantwortete er fast drei Jahrzehnte lang die nationale und internationale Presse- und Öffentlichkeitsarbeit, Investor Relations und Public Affairs namhafter und erfolgreicher Technologie- und Internetunternehmen. Seine Erfahrungen als Kommunikationsexperte bringt er heute in Beratungsmandaten für Unternehmen, Vorstände und Geschäftsführer sowie als Interimsmanager ein. Sein Wissen und seine Impulse gibt er in Publikationen, als Autor, Vortragsredner und Podcaster weiter.

Als Gründer und Geschäftsführer von Turtle-Media Podcast Production Service, mit eigenem professionellen Video- und Audio-Studio, unterstützt Oliver Schwartz mit seinem Team namhafte Unternehmen und Institutionen bei der Realisierung kreativer und erfolgreicher Corporate Podcasts. Einige dieser Formate moderiert er selbst als Podcast-Host, ebenso wie drei journalistische Podcast-Reihen, die bereits für renommierte Preise nominiert wurden.

In Podcast-Workshops verbindet er seine langjährige Broadcast-Erfahrung mit dem Blick des Kommunikators auf strategisches Storytelling.

www.podcastproductionservice.de
www.oliver-schwartz.de

LERNEN MIT ALLEN SINNEN!

GLEICH WEITERLESEN?

Interaktive Bücher mit digitalen Zusatzinhalten: Die Bücher aus der Reihe **GABAL DIGITAL – NEUES LERNEN** sind der optimale Begleiter auf dem Weg des lebenslangen Lernens und der Weiterentwicklung.

Scannen Sie den QR-Code und entdecken Sie mit den **Leseproben zu GABAL DIGITAL – NEUES LERNEN** ein modernes Leseerlebnis. Ihr Lieblingsbuch bestellen Sie anschließend mit einem Klick beim Shop Ihrer Wahl!

gabal-verlag.de
gabal-magazin.de

WISSEN AUF DEN PUNKT GEBRACHT!

GLEICH WEITERLESEN?

In den Büchern der **30-Minuten-Reihe** finden Sie praxisorientiertes Wissen und relevante Themen für Erfolg im Beruf, Gelassenheit im Alltag und ein besseres Leben.

Scannen Sie den QR-Code und lassen Sie sich von den **Leseproben unserer 30-Minuten-Bücher** inspirieren. Ihr Lieblingsbuch bestellen Sie anschließend mit einem Klick beim Shop Ihrer Wahl!

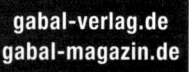

gabal-verlag.de
gabal-magazin.de